DELIUS KLASING

PRAXISWISSEN

JENS FEDDERN

E-MOBILITÄT AUF DEM WASSER

EMISSIONSFREI UNTERWEGS MIT SEGEL- UND MOTORBOOTEN

Delius Klasing Verlag

Inhaltsverzeichnis

Vorwort

Ich bin seit vielen Jahren eng mit dem Wasser verbunden und auf ihm unterwegs, sowohl unter Motor als auch unter Segel. Unter anderem durfte ich als Wachoffizier der Deutschen Marine die vier 4.500-PS-MTU-Dieselmotoren auf einem Schnellboot kommandieren, mit deren Hilfe unser Boot mit 36 Knoten über die Ostsee bretterte. Was für ein Gefühl! Ein ähnlich tolles Erlebnis ist es für mich immer wieder, auf See hoch am Wind mit mehr als 10 Knoten Fahrt zu segeln, angetrieben nur durch den Wind.
Mit der Zeit habe ich einige Scheine gesammelt, so auch die Qualifikation als Maschinist und Schiffsführer auf Traditionsschiffen in weltweiter Fahrt. Das Thema E-Mobilität in Verbindung mit Wassersport war hierbei selten ein Thema. Klar kennt man die elektrischen Flautenschieber, aber sind die wirklich mehr als ein Spielzeug? Ich hatte von Exoten auf den Alpenseen in Süddeutschland und Österreich gehört, mir jedoch wenig Gedanken gemacht, ob das auch etwas für andere Reviere sein könnte. Es war eigentlich klar, dass ein Außenborder mit einem Benzinmotor und ein Innenborder mit einem Diesel ausgerüstet ist – bis auf schnelle Motorboote, die über einen hubraumstarken Benziner verfügen.
Nicht, dass mir elektrische Antriebe fremd sind. Als Elektroningenieur habe ich diverse Systeme selbst konstruiert und behaupte, die Elektrotechnik auf Booten und Schiffen recht gut zu kennen. Zudem habe ich beruflich viel mit Steigerung der Energieeffizienz, Emissionsreduzierung und Verbesserung der Nachhaltigkeit von komplexen Infrastrukturen zu tun. Aber lässt sich dieses nun ernsthaft auf den Wassersport übertragen? Ich bin der Meinung: Ja!

Die Freizeit auf dem Wasser zu verbringen, soll und darf in erster Linie Spaß machen, der dann aufhört, wenn er zu einer deutlichen Belastung für andere wird. Abgase, Ölfilm und Motorlärm wollen irgendwie nicht zu einer Freizeitbeschäftigung in der Natur passen, oder?

Nachdem in den letzten Jahrzehnten die maritimen Antriebssysteme eher von homöopathischen Evolutionen geprägt waren, stehen wir nun am Anfang einer Revolution: elektrische Antriebssysteme für alle Arten von Segel- und Motorbooten.
Nicht, dass die Idee vollständig neu ist, doch fristete sie bisher nur ein Schattendasein für ausgewählte Wasserstraßen und Idealisten. Die Elektrifizierung der gesamten Flotte auf den Seen in Süddeutschland und Österreich hat beweisen, dass die Technik ausgereift ist.
Ein deutliches Zeichen, dass es nun ernst wird, sind die Investitionstätigkeiten großer Konzerne. Aus kleinen Garagenfirmen und Start-ups sind internationale Marktführer wie die

Firma Torqeedo entstanden, die 2017 vom Diesel-Spezialisten Deutz gekauft wurde. Neben Deutz befasst sich u. a. der Platzhirsch der Marinemotoren Volvo-Penta intensiv mit elektrischen Bootsantrieben und nimmt zeitgleich seinen weitverbreiteten D3-Diesel aus dem Programm. Parallel dazu fokussieren sich namhafte Yachtwerften auf den Trend des emissionsfreien Reisens und bieten ihre Flotte mit elektrischen Antriebssystemen oder ganz neue Bootskonzepte, wie z. B. Silent-Yachts, für diese Antriebsart an.

Es findet ein leiser, aber deutlicher Systemwechsel statt und jeder, der mit Wassersport zu tun hat, sollte sich damit auseinandersetzen: ob Schiffswerft, Hafenbetreiber, Vercharterer oder Skipper – keiner kann sich dem Trend entziehen.

Truls Tveitdal studierte an der Norwegischen Universität für »Science & Technology« und hat 2021 erforscht, dass neben technischen Themen mangelndes Bewusstsein sowie fehlendes Wissen Hauptgründe für die geringe Akzeptanz von elektrischen Bootsantrieben sind.[1]
Also lassen Sie uns mit diesem Buch den Wissensaufbau starten:

- Was ist bei einem elektrischen Antriebssystem anders als heute?
- Wie verändert sich das Erlebnis Bootsfahren?
- Was kostet das Ganze, und lohnt sich die Investition?
- Welchen Einfluss hat ein elektrischer Bootsantrieb auf den ökologischen Fußabdruck?
- Wie installiert man so ein System, und was ändert sich in Betrieb und Unterhalt?
- Anhand welcher konkreten Beispiele kann ich mir die praktische Anwendung vorstellen?

Kommt Ihnen die ein oder andere Frage bekannt vor? Dann willkommen an Bord: Hier bekommen Sie Antworten.

Nach einer kurzen Übersicht der technischen Grundlagen beschreibe ich zunächst die verschiedenen Komponenten der elektrischen Antriebsysteme. Praxistipps sollen Ihnen hier bei der Auswahl und Bewertung Ihres individuellen Systems helfen. Danach gehe ich neben einer Betrachtung der Wirtschaftlichkeit und Investitionsrechnung auf die Installation sowie den Betrieb und Unterhalt ein. Anhand diverser Praxisbeispiele verdeutliche ich schließlich die konkrete Umsetzung in der Praxis – von der Umrüstung eines kleinen Segelboots bis hin zur Blauwasseryacht.

Ich wünsche Ihnen viel Spaß beim Lesen und noch mehr Spaß beim emissionsfreien Reisen, egal ob mit Motor- oder Segelboot!

Jens Feddern

1 Warum ist Elektromobilität auf dem Wasser wichtig?

Abbildung 1-1: Ein Elektroantrieb kann das Leben an Bord deutlich einfacher machen. [bht2000/Shutterstock.com]

Es liegt im Trend, seine Freizeit auf dem Wasser zu verbringen. Allein in Deutschland gibt es über 30.000 km befahrbare Wasserwege und eine Küstenlänge von fast 2.400 km.[2] Auf diesen Strecken gibt es zahlreiche Möglichkeiten für einen aufregenden Segeltörn, spannende Wasserskierlebnisse und gemütliche Reisen durch die Kanäle und Flüsse. In Europa lieben es ca. 48 Millionen Menschen[3], die Kräfte der Natur in den Segeln zu spüren, im uns umgebenden Nass zu plantschen und durch scheinbar unberührte Wildnis zu schippern.

Wie passt in dieses Bild der mit Abgasen versehene Kühlwasserstrahl, der aus der Bordwand austritt, der leichte Ölfilm, der sich in der Bilge gesammelt hat, und das Knattern des Diesels oder Benziners? Eines vorweg: Dies ist keine Frage der politischen Gesinnung. Es entspricht dem aktuellen Zeitgeist zu hinterfragen, welchen ökologischen Fußabdruck wir hinterlassen und wie z. B. der technische Fortschritt negative Auswirkungen verringern kann, ohne uns den Spaß zu nehmen.

Betrachten Sie das Buch, das Sie gerade in Ihren Händen halten: Es sieht ansprechend aus, liefert Ihnen (hoffentlich) interessante Informationen und wurde CO_2-neutral produziert. Die ersten beiden Eigenschaften sollte ein Buch schon immer erfüllen, die dritte entspricht dem aktuellen Zeitgeist. Noch vor wenigen Jahren hätte diese Information nur wenige interessiert. Heute hat sich das Bewusstsein in der Gesellschaft verändert und beeinflusst unser Denken und Handeln.

Die Elektro-Mobilität auf der Straße ist mehr eine Revolution als eine Evolution im individuellen Nahverkehr. Die Lenker führender Autokonzerne kündigen den kompletten Produktionsstopp von Verbrennungsmotoren an und investieren Milliarden Euros in die Entwicklung und Produktion von Elektroautos. Das ist mehr als Kosmetik oder Opportunismus, hier geht es ums Überleben.

Und wie sieht es auf dem Wasser aus? Es ist erstaunlich, welche Dynamik die Elektro-Mobilität hier bereits angenommen hat. Viele der heute führenden Firmen dieser Branche kommen aus Süddeutschland und Österreich, denn auf vielen Seen in dieser Region ist ein elektrischer Antrieb bereits vorgeschrieben bzw. die Nutzung von Fahrzeugen mit Verbrennungsmotor deutlich eingeschränkt. Diese Region kann man deshalb als erfolgreichen Feldversuch für die E-Mobilität auf dem Wasser sehen. Es ist erwiesen, dass die gesamte Bandbreite des Wassersports elektrisch betrieben werden kann: vom kleinen elektrischen Flautenschieber bis hin zum elektrifizierten *Riva*- oder *Boesch*-Speedboot zum Wasserskifahren. Die dafür notwendige Ladeinfrastruktur ist in dieser Region bereits relativ gut ausgebaut.

In weiteren Regionen Europas sind ähnliche Tendenzen absehbar: Ab 2025 werden aus der gesamten Innenstadt von Amsterdam Boote mit Verbrennungsmotoren verbannt. Um dieses Ziel zu erreichen, wurden bis Ende 2021 mehr als 100 Ladestationen installiert.[4] Auch im Blauwasserbereich gibt es diverse Beispiele, die beweisen, dass die Technologie ausgereift und zuverlässig ist.

Es gibt heute mehr als 100 Hersteller von Elektrobooten und -schiffen. Die Studie »Electric Boats and Ships 2017–2027« prognostiziert, dass der Markt für hybride und rein elektrische Boote und Schiffe bis 2027 weltweit auf über 20 Milliarden Dollar steigen wird. Gemäß dieser Studie sind Freizeitboote der größte und am schnellsten wachsende Markt.[5]

Vor diesem Hintergrund sollte sich jeder Skipper Gedanken machen, ob er oder sie auch von diesem Trend betroffen ist. Es gibt diverse Argumente dafür und dagegen, sodass ich im Folgenden unterschiedliche Diskussionspunkte beleuchten möchte.

1.1 Was denken die anderen von mir?

Es ist interessant zu verfolgen, welche Elektro-Modelle auf der Straße erfolgreich sind. Die Firma *Tesla* hat als Neueinsteiger die gesamte ehrwür-

Abbildung 1-2: Die Eelex 8000s als Kandidat für den Tesla auf dem Wasser. [X Shore]

dige Automobilindustrie aufgemischt und in 2021 die Zulassungszahlen von Deutschlands meistgekauftem Auto – dem VW Golf – überholt. Die Zielgruppe, die Tesla anspricht, sind keine ökologischen Außenseiter, die einen Ersatz für ihr Lastenfahrrad suchen, sondern gutverdienende Automobilisten jedweder politischer und gesellschaftlicher Couleur. *Tesla* hat es geschafft, dass das Elektroauto nicht nur als ernstzunehmende Alternative akzeptiert wird, sondern zum Statussymbol für innovative und wohlhabende Fahrzeuglenker avanciert ist.

Dieses Rennen ist auf dem Wasser noch nicht entschieden, doch es gibt diverse Firmen, die diese Position einnehmen möchten. Die Firma *X Shore* aus

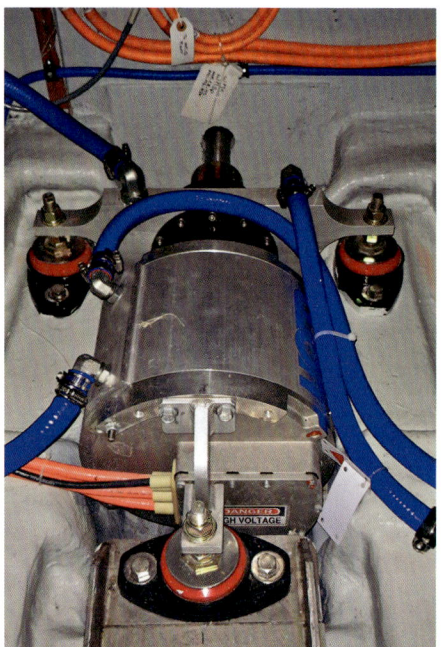

Abbildung 1-3: Der Elektromotor ist deutlich kleiner als ein Verbrenner und kann trotzdem richtig viel Power auf die Welle bringen. [Silent-Yachts]

Schweden, die mit ihrem Eelex 8000s ein elektrisches Luxus-Speedboot auf den Markt gebracht hat, wird bereits als »Tesla auf dem Wasser« bezeichnet. Es ist daher nur eine Frage der Zeit, bis elektrische Antriebe auch an Bord zum Statussymbol werden und das Fehlen des Motorendröhnens nicht als Makel, sondern als Anerkennung gesehen wird. Mit der Aussage »Ich habe Benzin im Blut« wird der motorisierte Skipper in absehbarer Zeit einer Randgruppe angehören.

1.2 Wie verändert diese neue Technologie das Erlebnis »Bootfahren«?

Boote mit Elektroantrieb sind grundsätzlich keine neue Erfindung. Die Innovationen liegen in den modifizierten Elektromotoren und ihren Propellern, der verwendeten Elektronik zur Drehzahlregelung und Ladung sowie in der Speicherung der elektrischen Energie.

Im praktischen Betrieb ist es beeindruckend, dass das volle Drehmoment eines Elektroantriebes bereits bei sehr geringer Drehzahl zur Verfügung steht und somit die Manövrierbarkeit vereinfacht. Die Geräuschentwicklung ist dabei minimal, und zumindest im Betrieb sollte es keine Emissionen geben.

Der eigentliche Antrieb, also der Elektromotor, ist so klein, dass man ihn fast für den Anlasser des Verbrenners halten könnte. Dafür braucht aber die Elektronik ein paar Kästen, und insbesondere die Batterien wollen verstaut werden. Diese Geräte können verteilt an Bord untergebracht werden, da sie lediglich mit Kabeln verbunden werden.

Wie viel muss ich investieren und was kostet mich der Betrieb?

11

Die Geschwindigkeiten, die mit E-Antrieben erreicht werden können, sind mindestens so hoch wie bei den Verbrennern, wobei die Beschleunigung aufgrund des hohen und konstanten Drehmoments deutlich stärker ist. Für Spaß ist also definitiv gesorgt – praktisch lautlos!

1.3 Wie kann die Elektro-Mobilität mein Leben an Bord leichter machen?

Um diese Frage zu beantworten, sollte man sich vor allem Gedanken machen, was einem bezüglich der Antriebstechnik an Bord das Leben schwer machen kann. Dieses können z. B. die Zuverlässigkeit sein (Springt mein Motor an, wenn ich ihn brauche?), der Wartungsaufwand und die damit verbundenen Kosten (Was muss wie oft periodisch gewartet werden?), die Handhabung (Welche Vorbereitungen muss ich beim Seeklarmachen treffen?), das Ein- und Auswintern (Wer macht den Motor wie winterfest?) sowie die Geräusche und Emissionen.

Für diese aufgeführten Beispiele kann ein elektrisches Antriebssystem deutliche Erleichterung bringen. Die Komplexität der Antriebseinheit ist geringer, sodass diese Systeme nach erfolgreicher Installation grundsätzlich sehr zuverlässig arbeiten. Durch Seegang verstopfte Kraftstofffilter gibt es nicht. Auch der periodische Wartungsaufwand ist signifikant kleiner. Das Seeklarmachen kann sich auf die Betätigung eines Schalters beschränken, wobei größere Systeme ebenfalls eine Wasserkühlung für den Elektromotor und die Elektronik benötigen. Dieses kann einen Einfluss auf das Ein- und Auswintern haben.

Je weniger der konventionelle (Hilfs-) Motor regelmäßig verwendet wird, desto größer können die Vorteile eines elektrischen Antriebsystems bezüglich Zuverlässigkeit und reduziertem Wartungsaufwand sein.

1.4 Wie viel muss ich investieren und was kostet mich der Betrieb?

Die gute Nachricht ist, dass der Elektromotor nicht nur kleiner, sondern in der Regel auch günstiger als sein Verbrenner-Kollege ist. Werden die weiteren, notwendigen Komponenten des Gesamtsystems wie Regler und Batterien hinzugefügt, schmilzt der Kostenvorteil wie Butter in der Sonne, sodass die Investitionskosten (noch) deutlich höher sind.

In dieser Situation argumentieren clevere Verkäufer mit den Lebenszykluskosten: Man müsse das große Ganze betrachten inklusive der gesparten Wartungskosten, der nicht notwendigen Treibstoffkosten (die in den nächsten Jahren mit Sicherheit enorm steigen werden) und den gesteigerten Wiederverkaufswert. Diese Argumentation ergibt durchaus Sinn.

Was man zusätzlich betrachten sollte, sind die Kosten für die Ladeinfrastruktur. Eine einfache 230-V-Steckdose am Liegeplatz ist ggf. bereits vorhanden, sodass das langsame Laden über Nacht einfach und kostengünstig zu lösen ist.

Eine Schnelladestation, für die eine Drehstromleitung installiert werden muss, kann schnell Kosten in Höhe von mehreren Tausend Euro verursachen.

1.5 Wie sicher ist die Technologie, und wie vermeide ich, mit leerem Akku liegenzubleiben?

Strom und Wasser vertragen sich nicht wirklich. Je höher die elektrische Spannung wird, desto kritischer wird es. Je größer die geforderte Leistung der elektrischen Antriebssysteme ist, desto höher muss die Spannung gewählt werden. Bis zu einer Leistung von ca. 20 kW werden Spannungen zwischen 24 V und 48 V verwendet. Darüber hinaus kommen z. B. Systeme aus der Automobilindustrie mit Spannungen von bis zu 400 V zum Einsatz. Diese Risiken können mit einer fachgerechten Installation unter Beachtung der einschlägigen Normen minimiert werden.

Man liest und hört häufig von verheerenden Fahrzeugbränden oder der Selbstentzündung von Lithium-Akkus in Mobiltelefonen. Dieses Erlebnis möchte man an Bord nicht haben. Aus diesem Grund werden für Antriebssysteme an Bord Lithium-Eisenphosphat-Batterien empfohlen, da diese weniger leicht entzündlich sind. Die Antriebsbatterien werden mit einem Batterie-Management-System (BMS) versehen, welches die korrekte Ladung und Entladung überwacht sowie eine gefährliche Überladung verhindert.
Die Brandlast, die ein gefüllter Diesel- oder Benzintank an Bord verursacht, ist häufig deutlich größer als die der Batteriespeicher. Zusätzlich gibt es hier mehr Fehlerquellen, die einen

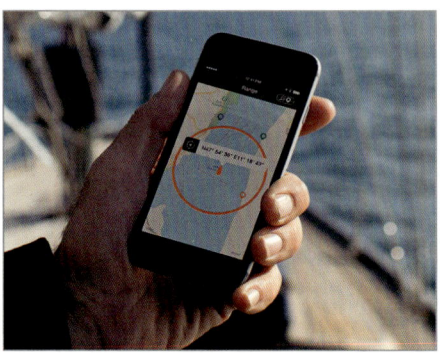

Abbildung 1-4: Das integrierte Messsystem gibt eine recht zuverlässige Prognose der verbleibenden Reichweite. [Torqeedo]

Austritt des Kraftstoffes verursachen könnten.

Die Zuverlässigkeit elektrischer Antriebssysteme ist bei korrekter Dimensionierung und Installation sehr hoch. Am Antriebsstrang können kaum Standschäden auftreten. Die Komponenten sind sehr gut gekapselt und geschützt, und es gibt wenig Verschleißteile.
Der kritische Pfad ist dagegen der Energiespeicher. Obwohl Elektro-Motoren einen deutlich besseren Wirkungsgrad als ihre Verbrenner-Kollegen haben, ist die Energiedichte im flüssigen Treibstoff um Zehnerpotenzen höher, als in einer Batterie gespeichert werden kann. Somit wird die Reichweite durch die verfügbare Batteriekapazität begrenzt, und diese wiederum bestimmt das Gewicht und die Investitionskosten sowie die Geschwindigkeit, mit der wir unterwegs sind.
Gibt es die Möglichkeit, unterwegs Strom zu tanken, wirkt sich dieses positiv auf die Reichweite aus. Stromerzeugung mit Solar und Wind bieten

sich hierfür an. Bei Seglern zusätzlich die Rekuperation, indem der Antriebsmotor als Generator wirkt und so Strom erzeugt.

Die Reichweite kann durch einen Generator vergrößert werden, der durch einen Verbrennungsmotor angetrieben wird. Dieses kann durch einen tragbaren Inverter-Generator gelöst werden, der in der abgelegenen Ankerbucht ein paar Stunden knattern muss oder einen vollständigen Hybridantrieb, der sowohl elektrischen als auch konventionellen Vortrieb ermöglicht.

Durch die integrierten Messsysteme ist die Vorhersage der Reichweite relativ genau möglich. Im freien Gewässer kann man durch die Wahl einer effizienten Geschwindigkeit die Reichweite positiv beeinflussen. Muss man jedoch gegen Wind oder Strom andampfen, kann die Reichweite etwas knapper ausfallen.

1.6 Wie verändert sich mein ökologischer Fußabdruck?

Ich wage die Behauptung, dass (fast) alle Wassersportler ihr Hobby im Einklang mit der Natur ausführen möchten. Es entspricht also dem Zeitgeist zu hinterfragen, wie es um die Ökobilanz dieses Hobbys steht. Insbesondere steht die Frage im Raum, ob und wenn ja, bis wann der Wassersport klimaneutral sein wird.

In 2012 hat die EU das Forschungsprojekt »Boatcycle« gefördert, in dem die Umweltbelastung durch Boote über ihren gesamten Lebenszyklus betrachtet wurde.[6] Um eine Vergleichbarkeit der unterschiedlichen Phasen ihres Bestehens zu ermöglichen, wurden u. a. jeweils die CO_2-Emissionen ermittelt und ins Verhältnis gesetzt. Ca. 1/3 ergeben sich aus den Bestandteilen der Yacht

Abbildung 1-5: Der Umwelteinfluss des Bootes betrifft den gesamten Lebenszyklus, vom Bau bis zum Abwracken. [Dark_Side/Shuterstock.com]

sowie ihrer Herstellung und ca. 5 % aus der Entsorgung. Hier spielen die verwendeten Materialien und ihre Recyclingfähigkeit eine besondere Rolle. Ca. 20 % werden während der Nutzung durch Unterhalt und Pflege verursacht, und rund 45 % gehen auf das Konto des Betriebs.[7]

Die Art, wie und womit wir unser Boot bewegen, hat einen wesentlichen Einfluss auf den ökologischen Fußabdruck. Es ist nicht überraschend, dass der eines Motorboots deutlich größer ist als der eines Segelboots. Unter Berücksichtigung der Nutzungsdauer (Segelyacht 600 Stunden pro Jahr, Motorboot 250 Stunden) hat die Boatcycle-Studie ein Verhältnis von ca. 8:1 ermittelt. Somit erzielen elektrisch betriebene Motorboote den größten positiven Effekt auf den ökologischen Fußabdruck

des Wassersports. Bei Seglern ist die praktische Umsetzbarkeit häufig einfacher, da der Motor grundsätzlich nur zum Manövrieren und als Flautenschieber benötigt wird und somit kleiner ausfällt und weniger verwendet wird.

Die gesamten ökologischen Vorteile der Betriebsphase eines Fahrzeugs mit Elektroantrieb können mit einem einfachen Argument ausgehebelt werden: den Ressourcenbedarf und die Emissionen bei der Herstellung der Batterien. Die Produktion der Batterie macht in der Automobilindustrie heute 40 % der gesamten CO_2-Emissionen aus, an Bord wird es nicht viel weniger sein. Darüber hinaus benötigt die Batterie wertvolle Rohstoffe wie Lithium, Kobalt, Nickel, Mangan, Kupfer, Aluminium und Graphit. Deren Abbau hinterlässt immer einen negativen ökologischen Fußab-

Abbildung 1-6: Bootfahren mit Verbrennungsmotor kann einen unmittelbar sichtbaren ökologischen Fußabdruck verursachen. [Alvaro Hernandez Sanchez/Shutterstock.com]

druck, wobei speziell für die Förderung von Kobalt in verschiedenen Ländern ausreichend Sozial- und Sicherheitsstandards fehlen.[8]

Betrachtet man auch hier das große Ganze, kann man das Argument anführen, dass 80 % der Verschmutzung der Meere von Land aus verursacht werden und dass Freizeitboote weniger als 1 % hierzu beitragen.[9] Der weltweite Beitrag der Schifffahrt an den vom Menschen verursachten CO_2-Emissionen beträgt 3 %. Der Beitrag des Wassersports ist quasi nicht messbar. Es ist somit alles nur eine Frage der Perspektive.

Es geht jedoch nicht nur um das große Ganze, an dem wir scheinbar sowieso nichts ändern können, sondern um die unmittelbaren Auswirkungen unserer Boote auf die Umwelt:

- Es ist richtig, dass ein Boot mit elektrischem Antrieb während des Betriebs keine Emissionen verursacht. Wird die elektrische Energie zum Laden aus erneuerbaren Quellen gewonnen, so erfolgt auch das »Tanken« emissionsfrei.
- Das Bild der schwarzen Rauchwolke des wenig benutzten Diesels und die damit verbundenen schwarzen Flecken auf der Wasseroberfläche gibt es nicht.
- Die Geräuschentwicklung eines Verbrennungsmotors ist deutlich größer, sodass eine Unterhaltung bei laufendem Motor oft nur eingeschränkt möglich ist. Diesen Lärm muss auch die Umwelt verkraften.
- Benzin oder Diesel an Bord erzeugen immer auch den Geruch einer mitfahrenden Bunkerstation. Die Tanks müssen entlüftet werden, und Putzlappen mit Diesel oder Benzin werden in einer Backskiste verstaut.

Weitere, unmittelbare Fragen unterstreichen die Notwendigkeit, sich mit diesem Thema aktiv auseinanderzusetzen:

- Welche Motoren werden wir an Bord noch verwenden, wenn Verbrennungsmotoren an Land eines Tages verschwinden?
- Wie entwickeln sich die Investitions- und Betriebskosten, wenn Verbrennungsmotoren zum Nischenprodukt werden?
- Welche gesetzlichen Vorgaben wird es in absehbarer Zeit für den Betrieb von Verbrennungsmotoren an Bord geben? Kann ich diese mit meiner Installation erfüllen?
- Welche Reviere darf ich bereits heute oder in Zukunft mit einem Verbrennungsmotor nicht mehr befahren?
- Wie wird die Kraftstoffversorgung in Zukunft sichergestellt?

Dieses sollte Motivation genug sein, über alternative Antriebsmöglichkeiten nachzudenken.

2 Wie funktioniert das mit dem Strom?

Um die Vor- und Nachteile sowie die Unterschiede der unterschiedlichen Antriebssysteme verstehen und beurteilen zu können, sind ein paar wenige Grundlagen der Elektrotechnik und ein bisschen Physik nicht zu vermeiden. Ohne diese wird es schwerfallen, das richtige System für den Einsatz auf Ihrem Boot auszuwählen oder zumindest die Auswahl und die Werbeversprechen der verschiedenen Anbieter beurteilen zu können.

Für Ihren Sportbootführerschein haben Sie sich bereits mit ein paar Grundkenntnissen der Motorentechnik auseinandergesetzt. Beim Wechsel vom Verbrenner auf einen Elektroantrieb sollten Sie daher auch diesen ein wenig kennen.

2.1 Elektrik: Strom, Spannung, Leistung und Kapazität

Elektrik zu verstehen ist kein Hexenwerk. Denn es gibt nur wenige Grundeinheiten, die miteinander in einem Zusammenhang stehen und einen Stromkreis bilden.

Damit im Stromkreis Strom fließen kann, benötigt er eine Spannungsquelle, z. B. Ihre 12-V-Batterie an Bord. Zusätzlich braucht man einen Verbraucher, z. B. den Elektromotor einer Pumpe. Diese soll mechanische Arbeit verrichten, indem sie das Wasser aus dem Trinkwassertank in das Spülbecken pumpt (Wenn Sie noch eine Handpumpe an Bord haben, merken Sie schnell, dass das Pumpen mit Arbeit verbunden ist).

Abbildung 2-1: Um elektrisch tanken zu können, hilft es, die Grundlagen des Stroms zu verstehen. [Aqua Electric]

FASZINATION WASSERSPORT

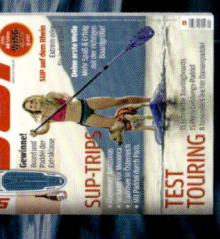

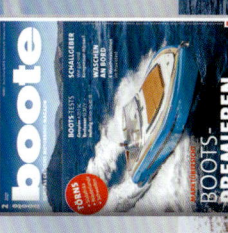

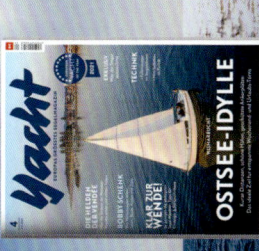

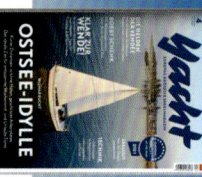
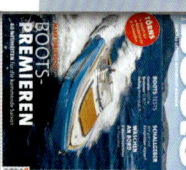

Der Verbraucher, im vorliegenden Beispiel die Trinkwasserpumpe, muss über einen Hinleiter und einen Rückleiter mit der Batterie verbunden werden, damit der Kreis geschlossen wird. Dieses wird an Bord häufig mit Kabeln ausgeführt.

Die Spannung, die das Formelzeichen »U« hat und in der Einheit [V] wie Volt angegeben wird, steht an den Anschlüssen der Batterie zur Verfügung.

Der Elektromotor der Pumpe hat eine definierte Leistungsaufnahme, die auf den Namen »P« hört und die Einheit [W] wie Watt. Damit er seine Aufgabe erfüllen kann, wird er mit der Batterie mit einem Kabel verbunden, durch das der Strom »I« fließt, der die Einheit [A] wie Ampére hat.

Die Spannung, der Strom und die Leistung bilden ein Team und sind über folgende Formel miteinander verbunden:

P = U x I
1. Grundgesetz der Bordelektrik

Die Leistung ist das Produkt aus Strom und Spannung.

Aus diesem 1. Grundgesetz der Bordelektrik lässt sich mehr ableiten, als man im ersten Moment meint. Die Formel kann man wie folgt umstellen:

$$I = P / U$$

Dieses ist eine wichtige Formel, um den fließenden Strom zu bestimmen, wenn die Leistung und die Spannung bekannt sind.

Nehmen wir an, dass die oben genannte Trinkwasserpumpe eine Leistungsaufnahme von 48 W hat und die Batteriespannung 12 V beträgt. Daraus ergibt sich ein Strom von

$$I = 48 \text{ W} / 12 \text{ V} = 4 \text{ A}$$

Eine ganz wichtige Erkenntnis lässt sich aus dieser Formel ableiten:

Je höher die Spannung, desto kleiner ist bei gleicher Leistung der Stromfluss. Wird die Spannung also auf 24 V erhöht (wie z. B. auf Berufsschiffen üblich), beträgt der Strom nur noch

$$I = 48 \text{ W} / 24 \text{ V} = 2 \text{A}$$

Der Stromfluss ist eine wichtige Einheit, denn er legt fest, wie dick die Leitungen und wie stark die Schalter sowie die Sicherungen ausgeführt werden müssen. Der Zusammenhang ist sehr einfach: Je größer der Strom, desto dicker und stärker müssen Kabel, Schalter und Sicherungen sein und desto schwerer und teurer wird die Installation.

Der Grund liegt hierbei in einer weiteren elektrischen Einheit: dem elektrischen Widerstand. Er hört auf den Namen »R« und wird in Ohm [Ω] gemessen. Er bildet zusammen mit Spannung und Strom das zweite Grundgesetz der Bordelektrik:

U = R x I
2. Grundgesetz der Bordelektrik

Stellt man sich das Kabel zu unserer Trinkwasserpumpe wie eine Rohrleitung vor, so leuchtet ein, dass durch ein Rohr mit großem Durchmesser und glatten Wänden das Wasser besser fließen kann als durch ein kleines Rohr mit rauer Oberfläche. Ähnlich geht es dem Strom im Kabel: eine geringe Querschnittsfläche und ein schlechter Leiter erzeugen einen größeren Widerstand für den Strom, der sich durch das Kabel quälen muss. Weil dieser Vorgang dann sehr mühsam wird, merkt man, dass das Kabel warm wird. Die Wärme kann so groß werden, dass die Isolierung schmilzt und das Kabel einen Brand verursacht. Dieses ist eine der häufigsten Ursachen für Feuer an Bord.

Die Stromleitung hat also einen Widerstand, der umso größer wird, je kleiner die Querschnittsfläche des Leiters und je länger die Leitung ist. Dieser Widerstand, multipliziert mit dem fließenden Strom, erzeugt einen Spannungsabfall. Das bedeutet, dass die Spannung, die am Kabel »verbraten« wird, am Verbraucher nicht mehr zur Verfügung steht. Beträgt diese am Beispiel unserer Trinkwasserpumpe aufgrund eines falsch gewählten Kabels z. B. 2 V, so kommen an der Pumpe nur noch 10 V statt 12 V an. Multipliziert mit dem Strom von 4 A bedeutet das, dass die Pumpe jetzt nur noch eine Leistung von 40 W statt 48 W bringt – ein Leistungsverlust von 17 %!

Aus diesen beiden Grundgesetzten der Bordelektrik lassen sich wesentliche Erkenntnisse für Auslegung und Betrieb eines Elektroantriebes ableiten.

Nehmen wir an, dass Sie als Flautenschieber einen Elektroantrieb mit einer Leistungsaufnahme von 4 kW be-

treiben möchten. Dieses entspricht 4000 W. Da Sie ja bereits 12 V an Bord haben könnte die Versuchung nahe liegen, den Motor an diese Batterie anzuschließen. Wie hoch wird die Stromaufnahme sein? Ganz einfach:

$$I = P / U,$$
$$\text{daher } I = 4000 \text{ W} / 12 \text{ V} = 333 \text{ A}$$

Für das Schweißen von Schiffbaustahl reichen ca. 100 A aus. Dies zeigt auf, dass das Versorgungskabel für diese Stromaufnahme erhebliche Dimensionen haben muss: Wir reden hier über mindestens 120,0 mm^2. Das entspricht etwa der dreifachen Dicke des Kabels zu Ihrem jetzigen Anlasser und ist in der Praxis nicht wirklich umsetzbar.

Dieses Problem haben die Hersteller der Elektroantriebe auch erkannt und bieten daher für Motoren dieser Leistungsklasse 24-V-, 36-V- oder besser noch 48-V-Batterien an. Damit sieht es schon etwas besser aus:

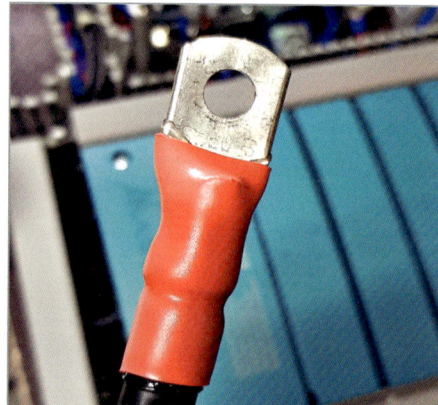

Abbildung 2-2: Je größer der Strom ist, desto dicker müssen die Leitungen an Bord werden. [Jens Feddern]

$$I = P / U,$$
daher $I = 4000\ W / 48\ V = 83\ A$

Für diese Stromstärke sollte die Querschnittsfläche je nach Kabellänge 35,0 mm^2 ausreichend sein, was sich gut an Bord installieren lässt.

Es ist einleuchtend, dass der Elektromotor mehr Strom haben möchte, je mehr Leistung er bringen soll, oder?

Die bisher bekannten Batteriespannungen von 12 V oder auch mal 24 V auf größeren Booten sind für einen elektrischen Antrieb nicht ausreichend.

Die erforderlichen Spannungen werden durch das Hintereinanderschalten der Batteriezellen erreicht, man spricht von einer Reihenschaltung. Die Anschlüsse der Batterien werden wie eine Eisenbahn hintereinander gekoppelt, sodass sich ihre Spannungen addieren. Da die typische Nenn-Batteriespannung 12 V beträgt, ergeben sich durch die Reihenschaltung 24-V-, 36-V- oder 48-V-Systeme für die elektrischen Antriebe an Bord.

Je höher die Spannung ist, desto größer ist die Gefahr eines elektrischen Schlags. Eine magische Grenze bilden hierbei 50 V. Alles, was darüber hinaus geht, ist für den Menschen bei Berührung gefährlich und benötigt zusätzliche Schutzmaßnahmen. Viele elektrische Antriebssysteme für den Bordeinsatz begrenzen sich daher auf maximal 48 V.
Für einen leistungsfähigen Flautenschieber auf einem Segelboot ist das ausreichend, aber bekommt man da-

mit ein Motorboot in Gleitfahrt? Ein Schlauchboot vielleicht schon, danach wird es eng. Wird mehr Leistung benötigt, werden Systeme mit deutlich höheren Spannungen verwendet – auch für den Bordeinsatz. So sind Antriebe von 100 kW und mehr von der Stange erhältlich. Es leuchtet ein, dass selbst ein 48-V-System an seine Grenzen stoßen wird, da für diese Leistung ein Strom von mehr als 2000 A fließen muss. Hier werden Batteriesysteme mit einer Spannung von 400 V und mehr eingesetzt, die immer noch einen stolzen Strom von 250 A benötigen.

Eine weitere, wichtige Frage beim Betrieb eines Elektroantriebes ist, wie lange bzw. wie weit ich fahren kann? Dieses hängt im Wesentlichen von der Kapazität des Stromspeichers, der Batterie, ab. Eigentlich müsste es korrekt »Akkumulator« oder kurz »Akku« heißen, da sich diese im Gegensatz zu »Batterien« wieder aufladen lassen. Im Sprachgebrauch hat sich auch für den Stromspeicher an Bord allerdings »Batterie« eingebürgert, sodass ich bei diesem nicht ganz korrekten Begriff bleiben werde.

Für die Kapazität des Stromspeichers gibt es zwei unterschiedliche Größen: Normalerweise wird die Kapazität von Batterien in Ampérestunden [Ah] angegeben. Möchte ich mit dem oben genannten 4-kW-Flautenschieber eine Stunde lang Vollgas fahren, benötige ich eine nutzbare Kapazität von 83 Ah. Um diese Zahl richtig interpretieren zu können, muss ich zusätzlich die Spannung des Systems kennen. Bei einem 48-V-System sind es z. B. vier 12-V-Batterien in Reihe geschaltet mit jeweils einer nutzbaren Kapazität von 83 Ah (der Strom fließt ja durch alle Batterien gleichzeitig). Würde dieser Antrieb nur mit 24 V betrieben, verdoppelte sich der Strom, und die benötigte Kapazität wären dann 166 Ah (zwei 12-V-Batterien mit einer nutzbaren Kapazität von jeweils 166 Ah in Reihe geschaltet).

Daher wird bei Antriebssystemen die Kapazität häufig in Kilowattstunden [kWh] angegeben. In dem beschriebenen Beispiel benötigt man eine nutzbare Kapazität von 4 kWh.

Für den Betrieb einer elektrischen Antriebsanlage wird der Strommesser eines der wichtigsten Messinstrumente. Der Skipper muss die nutzbare Kapazität seiner Batterien kennen und kann anhand der momentanen Stromaufnahme ausrechnen, wie lange er bei dieser Geschwindigkeit noch unterwegs sein kann. Moderne Messcomputer, die bei vielen Antriebssystemen zum Lieferumfang gehören, nehmen ihm diese Rechenarbeit ab. Trotzdem sollte man in der Lage sein, die Ergebnisse des Computers überschlagsweise zu überprüfen. Ich habe hier schon einige Überraschungen erlebt, was der Computer zuerst verspricht und dann kontinuierlich korrigiert.

Ich habe bisher immer bewusst von der »nutzbaren Kapazität« gesprochen. Die angegebenen Kapazitäten auf den Batterien entsprechen leider nicht dieser »nutzbaren Kapazität«, also der Energiemenge, die man für den Antrieb auch wirklich verwenden kann. Diese unterscheidet sich stark je nach Batterietyp, Ladezustand, Alter und Stromentnahme.

Im Kapitel 5 werde ich auf diese Zusammenhänge genauer eingehen.

> **Elektrische Leistung P** ist das Produkt aus **Strom I** und **Spannung U**. Dieses sind die wesentlichen elektrischen Größen an Bord.
> Je größer die Leistung ist, desto größer ist der Strom. Wird die Spannung erhöht, kann bei gleicher Leistung der Strom reduziert werden.

2.2 Stromarten

An Bord wie auch an Land werden diverse Stromarten unterschieden, die für die verschiedenen Aufgabenstellungen ihre Daseinsberechtigung haben. Bei der Realisierung von elektrischen Bootsantrieben kommen unterschiedliche Stromarten zum Einsatz, die man daher zur Beurteilung der verschiedenen Systeme kennen sollte.

2.2.1 Gleichstrom

In Gleichstromsystemen sind die Stromrichtung und die Spannung über die Zeit gesehen konstant. Die elektrischen Systeme an Bord wie Beleuchtung, Pumpen, Funkgerät etc. werden grundsätzlich an Gleichspannung angeschlossen, die z. B. 12 V beträgt. Die benötigte Energie wird in Batterien gespeichert, die nur Gleichspannung speichern können und mit Gleichstrom geladen werden müssen. Gleichstromsysteme haben einen eindeutigen Plus- und Minuspol, der Anschluss besteht aus zwei Leitern.

Der Landanschluss oder der Generator, der Energie zum Laden zur Verfügung stellt, wird häufig mit Wechselspan-

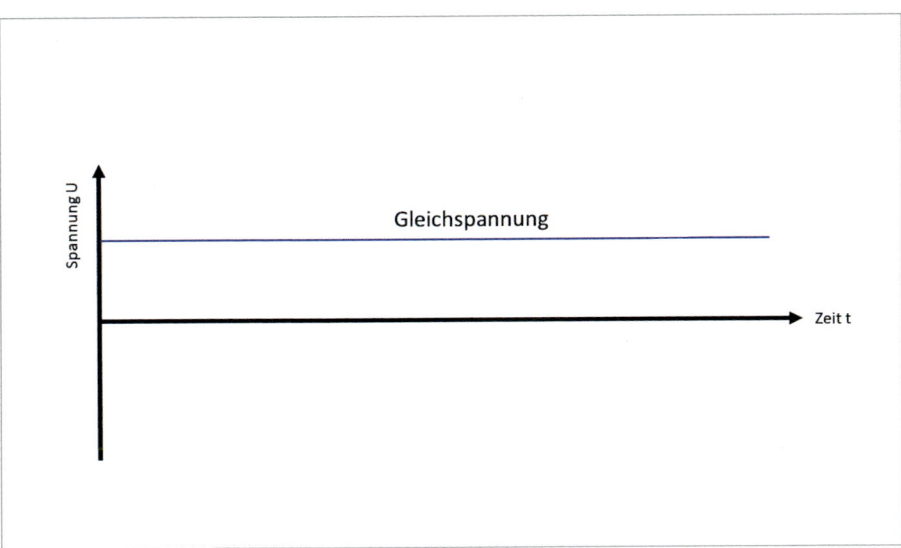

Abbildung 2-3: Beim Gleichstrom ist die Höhe konstant. [Jens Feddern]

nung betrieben. Um diese in die Batterien pumpen zu können, muss zuerst das richtige Spannungsniveau erreicht werden (z. B. durch einen Transformator), und dann muss aus der Wechselspannung über einen sogenannten Gleichrichter Gleichspannung erzeugt werden.

2.2.2 Wechselstrom

Elektrische Systeme an Land und auch auf größeren Schiffen sind meistens

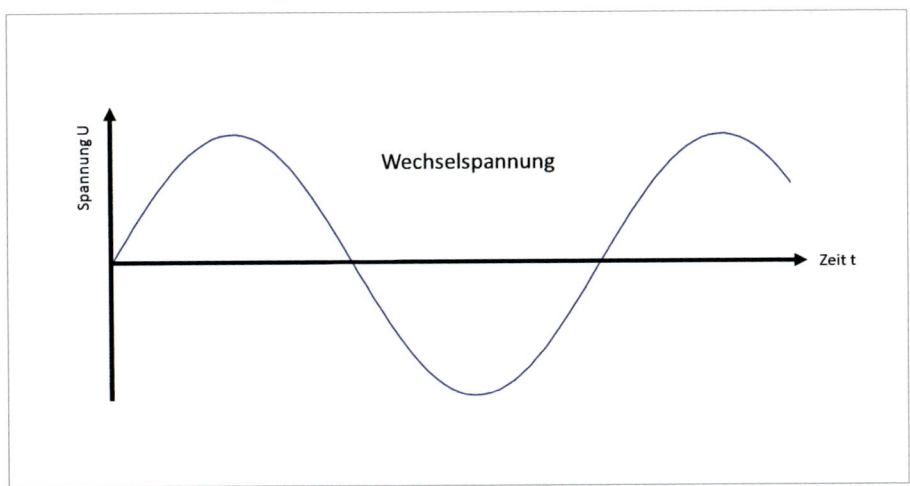

Abbildung 2-4: Beim Wechselstrom ändert sich die Höhe (Amplitude) kontinuierlich mit einer bestimmten Frequenz. [Jens Feddern]

Wechselstromsysteme. Bei diesen ändert sich die Spannung entsprechend einer Sinuskurve mit einer Frequenz von 50 Hz, Plus- und Minuspol wechseln sich also 50-mal in der Sekunde ab.

Ein Vorteil von Wechselstromsystemen ist, dass die Spannung über einen Transformator sehr einfach auf ein anderes Niveau transformiert werden kann. Aus dem 1. Grundgesetz der Bordelektrik wissen wir, dass bei gleicher Leistung der Stromfluss geringer wird, wenn die Spannung höher ist. Somit können die Leitungen und Kabel dünner ausfallen.

Dieser Effekt bildet die Grundlage für die elektrischen Versorgungssysteme an Land: Im Kraftwerk werden Spannungen von z. B. 380.000 V erzeugt, die schlussendlich auf das Spannungsniveau von 400 V heruntertransformiert werden.

Fast jedes Boot verfügt heute über einen Landanschluss, der im Hafen an eine 230-V-Steckdose angeschlossen wird. Die maximale Stromaufnahme liegt je nach Installation an der Steganlage zwischen 8 A und 16 A. Das bedeutet, dass auf dem Boot maximal zwischen 1.800 W und 3.600 W verwendet werden können. Ein starkes Ladegerät hat eine Leistungsaufnahme von ca. 900 W. Ein Haarföhn, Heizlüfter oder Toaster kommt schnell auf 2.000 W.

Wie bei Gleichstromsystemen hat das Wechselstromsystem zwei Anschlüsse, die häufig mit L und N bezeichnet werden. Hierbei gibt es jedoch keinen eindeutigen Plus- und Minuspol. Daher kann z. B. ein Schutzkontaktstecker beliebig in eine Steckdose eingesteckt werden.

2.2.3 Drehstrom

Drehstrom ist eine besondere Form des Wechselstromsystems, das aus drei Leitern besteht. Jeder dieser Leiter führt eine sinusförmige Spannung

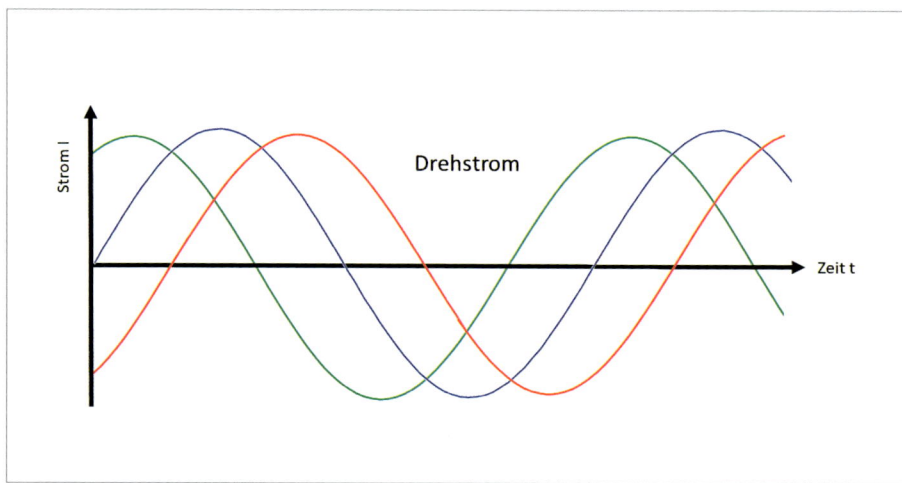

Abbildung 2-5: Drehstrom besteht aus drei Phasen Wechselstrom, die jeweils um 120° phasenverschoben sind. [Jens Feddern]

von 400 V, deren Sinuskurve jedoch um 120° phasenverschoben sind. Durch diese Verschiebung ergibt sich ein »Drehfeld«, mit dem z. B. Motoren angetrieben werden können.

Ein Drehstromsystem besteht aus drei »Außenleitern«, auch Phasen genannt, die unterschiedliche Bezeichnungen haben können (z. B. L1, L2, L3 oder R, S, T). Die Motoranschlüsse lauten häufig U, V, W.

Viele elektrische Bootsmotoren werden als Drehstrommotoren ausgeführt,

da diese viele Vorteile haben (siehe Kapitel 4.2). Für diesen Zweck muss der in den Batterien gespeicherte Gleichstrom durch elektronische Schaltungen in Drehstrom umgewandelt werden.

Die Batterien an Bord speichern **Gleichstrom (DC).** Viele elektrische Bootsantriebe werden mit **Drehstrom (AC)** betrieben. Dieser wird über elektronische Schaltungen (Inverter) aus dem Gleichstrom erzeugt.

3 Watt, Newtonmeter, Schlupf – wer blickt da noch durch?

In den Hochglanzprospekten der Hersteller findet man diverse mechanische Kenngrößen, die erst einmal richtig einsortiert werden wollen.

3.1 Leistung

Jeder, der schon einmal mit einem Tretoder Ruderboot unterwegs war, weiß, dass dieses mit Arbeit verbunden ist. Für die Physik ist Arbeit nichts anderes als Leistung mal Zeit. Der Antrieb muss also eine gewisse Leistung über eine gewisse Zeit aufbringen, um das Boot in Bewegung zu versetzen und zu halten.

Die Leistung hat die Abkürzung P (wie Power) und wird in Watt [W] oder Kilowatt [kW] gemessen.

Bei der Bestimmung der Leistung für den Bootsantrieb werden unterschiedliche Leistungen genannt, die alle die gleiche Einheit [kW] haben. Diese gilt es zu unterscheiden, damit man Äpfel mit Äpfeln vergleicht:

P_B ist die Leistung, die das Boot für den Vortrieb benötigt.

Der Vortrieb erfolgt durch einen Propeller, der einen Wirkungsgrad zwischen 50 % und 80 % hat. Im Mittel rechnet man mit ca. 65 %.[11] Das bedeutet, dass die Leistung des Motors an seiner Welle entsprechend größer sein muss:

$$P_M = 100/\eta_P \times P_B$$

P_M = Motor-Wellenleistung
P_B = Boots-Vortriebsleistung
η_P = Propeller Wirkungsgrad in %

Abbildung 3-1: Auch ein Boot mit Elektroantrieb braucht Power, die bei uns Leistung heißt. [Ingenity]

Die Leistungsaufnahme des Motors ist noch einmal höher, da z. B. die elektrische Leistung (Strom x Spannung) im Motor in eine Drehbewegung umgesetzt werden muss und evtl. in einem Getriebe untersetzt wird. Dieses erzeugt eine Verlustleistung, die in Form von Reibung und Wärme abgegeben wird.

Der Wirkungsgrad eines Elektromotors liegt je nach Ausführung zwischen 80 % und über 90 %.

Die Leistungsangabe von Verbrennungsmotoren entspricht grundsätzlich ihrer Wellenleistung. Der optimale Wirkungsgrad von Otto-Motoren liegt bei knapp 30 %, Diesel-Motoren können bis zu 33 % schaffen. Bis zu 70 % der aus dem Kraftstoff aufgenommenen Leistung werden also zum Heizen der Umwelt und zum Krachmachen benötigt.

Bei Verbrennungsmotoren wird die Leistung häufig in PS (Pferdestärken) angegeben. 1 kW entspricht in etwa 1,4 PS; ein 50-PS-Diesel-Motor hat also eine Wellenleistung von ca. 36 kW.

3.2 Wirkungsgrad

Um das Boot zu bewegen, ist Energie erforderlich. Diese liegt in unterschiedlichen Formen vor und hat einen langen Weg, bevor sie Schub auf das Boot ausüben kann. Bei einem Boot mit elektrischem Antrieb muss zuerst die elektrische Energie aus der Steckdose in chemische Energie in der Batterie umgesetzt werden. Während der Fahrt wird hieraus wieder elektrische Energie, die dann in mechanische umgewan-

delt wird. Die mechanische Energie wird evtl. umgelenkt und landet letztendlich am Propeller, der für Schub sorgen soll. Jeder dieser Schritte erzeugt Wärme, mechanische Reibung oder andere Verluste, sodass der Teil der Energie, der schlussendlich den gewünschten Schub verursacht, kleiner ist als die Energie, die der Batterie entnommen wird.

Um die Nutzenergie und die Verluste beurteilen zu können, haben schlaue Köpfe den *Wirkungsgrad* η (eta) erfunden. Hierbei handelt es sich um das Verhältnis von der Nutzenergie zur zugeführten Energie bzw. der Nutzleistung zur zugeführten Leistung in Prozent.

Die Differenz aus zugeführter Leistung minus Nutzleistung ist die *Verlustleistung*.

Für die Dimensionierung des Bootsantriebes sowie zur Bestimmung der möglichen Reichweite und der erforderlichen Batteriekapazität ist es wichtig, jeweils den Wirkungsgrad der unterschiedlichen Komponenten zu kennen.

Beispiel
Die Berechnung hat ergeben, dass man für sein Boot eine Vortriebsleistung von 5 kW benötigt. Wie groß muss die Batterie sein, um eine Stunde mit dieser Leistung zu fahren?
Gehen wir die gesamte Strecke rückwärts: Zuerst kommt der Propeller, der in unserem Fall einen Wirkungsgrad von 62 % hat. Daraus ergibt sich, dass die Wellenleistung ca. 8 kW betragen muss. 3 kW werden am Propeller also für andere Sachen als für den Vorschub »verbraten«.

Der Propeller wird über ein Getriebe mit dem Motor verbunden. Dieses Getriebe hat in unserem Fall einen Wirkungsgrad von 88 %, sodass der Motor an seiner Welle bereits 9 kW zur Verfügung stellen muss. 1 kW behält das Getriebe für sich, um die Zahnräder in seinem Ölbad zu drehen.

Der verwendete Elektromotor hat einen Wirkungsgrad von 82 %. Somit muss die zugeführte elektrische Leistung 11 kW betragen.

Nun muss aus dem Gleichstrom der Batterie erst noch Drehstrom werden. Die Elektronik verrichtet diesen Dienst nicht kostenlos, möchte dafür also auch Energie beziehen. Und die Anschlussleitungen verursachen durch ihren Widerstand zusätzliche Verluste. Der angenommene Wirkungsgrad beträgt 79 %, sodass die erforderliche Leistung schlussendlich 14 kW beträgt.

Von diesen 14 kW, die der Batterie entnommen werden, stehen in diesem Beispiel nur 5 kW als Vortriebsleistung zur Verfügung. Somit beträgt der Gesamtwirkungsgrad des Systems ca. 36 %. Das heißt, dass 64 % unterwegs »verloren« gehen bzw. in andere Energieformen umgewandelt wird. Häufig ist dies Wärme, sodass bei größeren Anlagen insbesondere die Elektronik und die Motoren wassergekühlt sein müssen, um die Verlustleistung abzuführen.

Um diese Leistung eine Stunde lang beziehen zu können, muss die Batterie eine nutzbare Kapazität von mindestens 14 kWh zur Verfügung stellen können.

Kann der Wirkungsgrad durch die Verwendung effizienterer Komponenten verbessert werden, hat dieses einen direkten Einfluss auf die Reichweite oder die erforderliche Kapazität.

> Die mechanische **Leistung P** ist eine wichtige Größe für die Dimensionierung der Bootsantriebe.
> Da jedes Element des Bootsantriebs Leistungsverluste verursacht, ist die Betrachtung des **Wirkungsgrads** η wichtig. Dieser ist das Verhältnis der nutzbaren Leistung zur eingesetzten Leistung.

Beträgt der Gesamtwirkungsgrad z. B. 46 % statt 36 %, muss die Batterie nur ca. 11 kW zur Verfügung stellen. Das bedeutet, dass man bei gleicher Batterie mit einer Kapazität von 12 kWh 1,3 Stunden fahren kann. Das ist eine Steigerung von mehr als 25 %!

3.3 Kraft

Die Kraft mit dem Formelzeichen F, die zum Erreichen einer bestimmten Geschwindigkeit erforderlich ist, kann man sich folgendermaßen vorstellen: Man lässt sich mit einem Boot schleppen und misst die Zugkraft an der Schleppleine sowie die aktuelle Geschwindigkeit.

Der Propeller erzeugt einen Schub, also eine Kraft, die das Boot antreiben soll. Diese Schubkraft, die grundsätzlich in Newton [N] gemessen wird, wird in den Prospekten der Motorenhersteller häufig in [lbs] oder [kg] angegeben.

Ein kg entspricht ca. 2.2 lbs, und ein N entspricht ca. 1 kg × 10 m/s^2.

Ein Antrieb mit einer angegebenen Schubkraft von 80 lbs hat also in Wirklichkeit ca. 360 N.

Die für den Vortrieb erforderliche Leistung PB kann aus der Kraft und Geschwindigkeit bestimmt werden:

$$P_B = 1/1000 \times F \times v$$

P_B = Boots-Vortriebsleistung in kW
F = Zugkraft in N
V = Geschwindigkeit in m/s

3.4 Drehmoment

Da der Antrieb durch eine Drehbewegung erfolgt, ist eine weitere Größe von besonderer Bedeutung: das Drehmoment, das mit M abgekürzt wird und die Einheit [Nm] für Newtonmeter hat.

Das Drehmoment setzt sich aus einer Kraft multipliziert mit einem Hebelarm zusammen. Man kann dieses mit dem Fahren auf dem Fahrrad vergleichen: Über die Beine übertragen wir in Form einer Drehbewegung eine Kraft auf das Pedal, das über die Kette die Räder antreibt und so das Fahrrad vorwärtsbewegt.

Das Drehmoment ist je nach Motortyp von der Motordrehzahl abhängig und eine sehr wichtige Größe zur Bestimmung des Bootsantriebs. Bei Verbrennungsmotoren steigt das Drehmoment mit der Drehzahl, bis es ein Maximum erreicht und danach wieder abfällt. Die angegebene Motor-Wellenleistung hängt daher von der Drehzahl und dem maximalen Drehmoment ab.

Abbildung 3-2: Ein hohes Drehmoment ist besonders bei einem großen Lastmoment wie z. B. beim Wasserskifahren von Bedeutung. [Torqeedo]

Um den Propeller durch das Wasser zu drehen, ist ein bestimmtes Drehmoment erforderlich.

Da der Motor bei geringeren Drehzahlen ein deutlich kleineres Drehmoment hat, muss das Lastmoment vom drehenden Propeller im Wasser so klein sein, dass der Motor es noch schafft, diesen zu drehen.

Verglichen mit dem Fahrrad schaffen wir es vielleicht auch nicht, am Berg im fünften Gang anzufahren, sondern schalten in den ersten Gang zurück. Da der Bootsantrieb aber keine Gangschaltung kennt, muss der Propeller entsprechend klein bzw. seine Steigung gering genug ausgelegt werden. Um dann beim Manövrieren mehr Schub zu erreichen, ist eine höhere Drehzahl erforderlich.

Konstruktionsbedingt haben Elektromotoren den Vorteil, dass sie ein deutlich höheres Drehmoment bei sehr geringen Drehzahlen aufbringen können. Es gibt Konstruktionen, die ihr maximales Drehmoment bereits im Stillstand aufbringen. Somit kann der Propeller so ausgelegt werden, dass er bei geringen Drehzahlen bereits deutlich mehr Schub erzeugen kann.

Die für den Vortrieb erforderliche Leistung PB kann auch aus dem Drehmoment und der Wellendrehzahl bestimmt werden:

$$P_B = M \times \omega = M \times 2 \times \pi \times n$$

P_B = Boots-Vortriebsleistung in kW
M = Drehmoment
ω = Winkelgeschwindigkeit
π = Kreiskonstante 3,14
n = Drehzahl (U/s)

> Die **Kraft F** entspricht dem Schub, mit dem ein Boot angetrieben wird. Sie wird berechnet aus der Vortriebsleistung P geteilt durch die Geschwindigkeit.
> Das **Drehmoment M** ist vergleichbar der Kraft für einen drehenden Körper. Je größer das Drehmoment des Antriebs ist, desto mehr Schub wird am Proeller erzeugt

3.5 Rumpfgeschwindigkeit, Rumpftypen und Fahrtwiderstand

Ganz entscheidend für die korrekte Dimensionierung des elektrischen Antriebssystems ist das Verständnis, wie sich ein Boot im Wasser bewegt und was alles einen Einfluss darauf hat.

3.5.1 Theoretische Rumpfgeschwindigkeit

Fährt ein Boot durchs Wasser, erzeugt diese Bewegung vom Bug aus Wellen, die sich nach achtern fortsetzen. Der Abstand dieser Wellen ist abhängig von der Geschwindigkeit, mit der das Boot durchs Wasser rauscht. Beträgt der Abstand zwischen zwei Wellen die Länge des Bootes (die zweite Welle ist am Heck angekommen), fährt das Boot mit seiner *theoretischen Rumpfgeschwindigkeit*. In diesem Fall überlagert sich der zweite Wellenberg der Bugwelle mit der Heckwelle so, dass sich die beiden Wellenberge addieren. Steigert man die Geschwindigkeit weiter, fängt das Boot an zu »steigen«, das Heck sinkt ab und die Heckwelle wird steiler und bricht. In diesem Zustand steigt der Wellenwiderstand besonders steil an.[12] Die Rumpfgeschwindigkeit ist grundsätzlich also nur von der Länge des

Bootes abhängig und kann wie folgt berechnet werden:

$$\upsilon_R = 4.5 \times \sqrt{l_W}$$

υ_R = Rumpfgeschwindigkeit in km/h
l_W = Wasserlinienlänge in m

oder

$$\upsilon_R = 2.43 \times \sqrt{l_W}$$

υ_R = Rumpfgeschwindigkeit in kn
l_W = Wasserlinienlänge in m

Die Aussage »Länge läuft« hat somit durchaus Berechtigung, denn je länger das Boot ist, desto größer ist seine maximal erreichbare Geschwindigkeit in Verdrängerfahrt.

Die Geschwindigkeit heißt *theoretische Rumpfgeschwindigkeit,* da weitere Faktoren wie Rumpfform, Verdrängung,

Längen-Breitenverhältnis und vieles mehr einen Einfluss auf die Wellenbildung und somit den Energieeinsatz hierfür haben. In erster Annährung ist dieses bei reinen Verdrängern die übliche maximale Geschwindigkeit. Ein Überschreiten der Rumpfgeschwindigkeit erfordert deutlich mehr Leistung, erzeugt enorme Wellen, und es wirken starke Kräfte auf das Boot.

Die Länge der Wasserlinie meiner Hurley 700, ein klassischer Langkieler, beträgt 5,2 m. Somit beträgt die theoretische Rumpfgeschwindigkeit ca. 5,5 kn.

Was der Skipper beachten sollte, ist die Tatsache, dass das Erreichen der Rumpfgeschwindigkeit entsprechend Energie benötigt. Der Energiebedarf steigt in dritter Potenz zur Geschwindigkeit, sodass für die doppelte Geschwindigkeit die achtfache (!) Leistung

Abbildung 3-3: Auch mit einem Elektroantrieb sind die Rumpfform und die installierte Leistung entscheidend für die erreichbare Geschwindigkeit. [Candela]

erforderlich ist – egal ob bei Verbrenner- oder Elektroantrieb.

Bis ca. 75 % der Rumpfgeschwindigkeit ist relativ wenig Leistung ausreichend, darüber hinaus wird der Leistungsdurst grenzenlos.

Während man bei einem Verbrennungsmotor häufiger zu einer stärkeren Variante greift, die sich dann auch großzügiger am Brennstoffvorrat bedient, ist eine passende Dimensionierung bei Elektroantrieben noch wichtiger, da das Speichern der elektrischen Energie schwieriger ist. Viel hilft in diesem Fall nicht unbedingt viel.

3.5.2 Rumpftypen

Das Verhalten eines *Verdrängers* wurde oben bereits beschrieben. Grundsätzlich starten alle Boote zuerst in Verdrängerfahrt.

Gleiter, wie z. B. Jollen, leichte Yachten oder Motorgleiter, haben eine andere Rumpfform, die bei höheren Geschwindigkeiten für einen dynamischen Auftrieb sorgt und das Boot aus dem Wasser über die eigene Bugwelle hebt. Somit verkleinert sich die benetzte Fläche im Wasser, und das Boot verdrängt nicht mehr das Wasser um sich, sondern fährt auf der Wasseroberfläche. Die für die Verdränger typische exponentielle Zunahme des Wellenwiderstands nimmt in Gleitfahrt nicht mehr zu, sondern nimmt dort bei ca. 115 % der Rumpfgeschwindigkeit wieder ab. So kann das Boot weiter beschleunigen und deutlich schneller als die theoretische Rumpfgeschwindigkeit fahren. Um in Gleitfahrt kommen zu können, sind ordentlich PS unter der Haube bzw. kW

in der Bilge erforderlich, die schnell das Doppelte der Leistung für die Verdrängerfahrt bedeuten kann.

Das Gewicht des Bootes hat hierbei eine große Bedeutung, da mit zunehmendem Gewicht die Geschwindigkeit ansteigt, ab der das Boot erst ins Gleiten kommen kann. Reicht die Leistung nicht aus, schafft es das Boot zwar, seine Bugwelle einzuholen, aber die Abrisskante am Heck schafft es nicht, die Bugwelle zu überholen: Das Boot bleibt kleben.

Des Weiteren findet man auf dem Wasser noch die *Halbgleiter,* die eine unterschiedliche Reputation haben. Während die eine Partei meint, dass dieses die ineffizienteste Fortbewegungsart sei, behauptet die andere, dass dieses die Möglichkeit sei, effizienter unterwegs zu sein und Kraftstoff zu sparen bzw. bei einem Segelboot bereits bei weniger Wind schneller unterwegs zu sein.

Tatsache ist, dass diese Rumpfform wie z. B. die *Parametic Fast Hull* oder *Edersche DG-Hull* nicht nur deutlich höhere Geschwindigkeiten als Verdränger ermöglichen, sondern auch die Wellenbildung verringern und die Manövrierbarkeit erhöht.[13]

3.5.3 Fahrtwiderstand

Je größer die Geschwindigkeit wird, desto größer ist die Kraft, die erforderlich ist, um das Boot in Bewegung zu halten. Das Boot kämpft also gegen eine *Widerstandskraft*. Diese setzt sich aus dem *Reibungswiderstand* und dem *Wellenwiderstand* zusammen. Hierbei handelt es sich nicht um den oben genannten *elektrischen Widerstand*, sondern um strömungstechnische Eigenschaften, die die Fortbewegung auf dem Wasser beeinflussen.

Der *Reibungswiderstand* wird beeinflusst durch die benetzte Oberfläche, ihre Beschaffenheit (z. B. Rauigkeit), von der Rumpfform sowie vom Quadrat der Geschwindigkeit. Bei doppelter Geschwindigkeit ist dieser Reibungswiderstand viermal so groß. Die Energie zur Überwindung des Reibungswiderstandes trägt nicht zur Fortbewegung bei, muss jedoch vom Antrieb aufgebracht werden.

Der *Wellenwiderstand* hängt von der verdrängten Wassermasse des Bootes (also dem Gewicht), der Rumpfform sowie einer höheren Potenz der Bootsgeschwindigkeit ab. Man sieht einen deutlichen Zusammenhang: Je ausgeprägter das Wellenbild des Bootes ist, desto mehr Energie verpufft nutzlos.

Zusätzlich können der Wind und die Strömung eine Kraft auf das Boot ausüben, gegen die der Antrieb ankämpfen muss. Diese müssen bei der Dimensionierung des Antriebs berücksichtigt werden.

Schleppt das Boot noch etwas hinterher, stellt dies einen weiteren Widerstand da. Dieses kann bei einem Gleiter die Wasserskifahrerin, das hinterhergeschleppte Beiboot oder auch ein Schleppgenerator (Hydrogenerator) sein.

Der Gesamtwiderstand ist die Summe der einzelnen Fahrtwiderstände. Bis zu etwa 25 % der Rumpfgeschwindigkeit ist er sehr klein, sodass das Boot mit wenig Leistung auf diese Geschwindigkeit gebracht werden kann. Bis zu etwa 75 % der Rumpfgeschwindigkeit dominiert der Reibungswiderstand, danach überwiegt der Wellenwiderstand deutlich.

Befindet man sich in einem strömenden Gewässer und möchte gegen den Strom andampfen, ist zu beachten, dass dieser bereits das Konto der Rumpfgeschwindigkeit anknabbert. Der Physik ist es egal, ob das Boot durch das Wasser geschoben wird oder ob das Wasser am Boot vorbeiströmt: Die Rumpfgeschwindigkeit kann kaum überwunden werden. Kämpft man sich mit einem Verdränger mit einer Rumpfgeschwindigkeit

Abbildung 3-4: Beim Katamaran reduziert die spezielle Rumpfform u. a. die Fahrtwiderstände. [Excess]

von 7 kn gegen eine Strömung von 3 kn an, ist es nicht überraschend, dass man über Grund nicht mehr als 4 kn Fahrt machen wird. Dies muss bei der Reichweitenplanung beachtet werden.

> Ein Boot, das durch das Wasser fährt (Verdränger), hat eine maximale Geschwindigkeit, die es erreichen kann: die **Rumpfgeschwindigkeit**. Diese hängt wesentlich von der Länge des Fahrzeugs ab.
> Durch die Änderung der **Rumpfform** (Gleiter oder Halbgleiter) kann die Rumpfgeschwindigkeit übertroffen werden. Der **Reibungswiderstand** und der **Wellenwiderstand** verursachen eine Gegenkraft, die exponentiell mit der Geschwindigkeit steigt. Um die Geschwindigkeit des Bootes zu verdoppeln, ist die achtfache Leistung erforderlich.

3.6 Propeller: das unbekannte Wesen

Die Schiffsschraube oder der Propeller hat die Aufgabe, die Drehbewegung der Motorachse oder der Kurbelwelle in Vortrieb umzuwandeln.

Wie eine Maschinen- oder Holzschraube hat der Propeller einen bestimmten Durchmesser und eine Steigung der Propellerflügel. Darüber hinaus wird er durch deren Anzahl, das Flächenverhältnis, die Profilform sowie weitere Parameter beschrieben.

Je größer der Propellerdurchmesser ist, desto mehr Wasser wird pro Umdrehung bewegt, desto mehr Schub wird erzeugt und desto besser wird der Propellerwirkungsgrad.

Der maximale Propellerdurchmesser ist durch die Einbausituation begrenzt. Die maßgebende Einheit ist der Freischlag, also der Abstand zwischen Propeller und Bootskörper. Dieser Freischlag (FS) sollte mehr als 20 % des Propellerdurchmessers betragen, um Vibrationen zu vermeiden.[11]

Beim Fahrradfahren wird die Kraft, die ich auf die Pedale ausübe, in eine Drehbewegung umgesetzt, die über die Kette das Hinterrad antreibt. Bei einer Radumdrehung bewege ich mich exakt um den Umfang des Rades vorwärts. Im Wasser funktioniert das Vorwärtskommen etwas anders: Der Propeller erzeugt durch seine Drehung einen Wasserstrahl mit einer Geschwindigkeit, die proportional zu dem Produkt aus Drehzahl und Propellersteigung ist. Der Durchmesser dieses Wasserstrahls ist direkt abhängig vom Propellerdurchmesser.

Damit der Propeller Schub auf das Boot abgeben kann, muss dieser Wasserstrahl schneller als das Boot sein. Die Abweichung zwischen Boots- und Wasserstrahlgeschwindigkeit nennt man *Schlupf*. Bei einer festen Drehzahl hat ein Propeller bei stillstehendem Boot (zum Beispiel an einen Pfahl belegt) die maximale Schubkraft, der Schlupf beträgt 100 %. Mit zunehmender Bootsgeschwindigkeit nimmt die Schubkraft ab. Fährt das Boot schlussendlich Strahlgeschwindigkeit, so beträgt der Schlupf 0 %. Die Nenngeschwindigkeit eines Boots wird so ausgelegt, dass der Schlupf zwischen 20 % und 70 % liegt.

Je größer der Schlupf ist, desto besser ist der Wirkungsgrad des Propellers und desto kleiner ist die Wahrscheinlichkeit, dass der Motor bei Vollgas aus dem Stillstand oder eine Belastung durch Gegenwind überlastet wird.

Aus dieser Logik sollte ein Propeller einen möglichst großen Durchmesser, eine hohe Steigung und eine hohe Drehzahl haben. Dadurch entsteht jedoch ein neues Problem: die *Kavitation*.
Ein Physiker namens Bernoulli hat herausgefunden, dass der statische Druck in einer Flüssigkeit umso geringer wird, je höher die Geschwindigkeit ist.
Hohe Strömungsgeschwindigkeiten am Propeller führen dazu, dass der statische Druck so weit reduziert wird, dass das Wasser verdampft und sich kleine Gasblasen bilden. Diese Gasblasen werden im Wasserstrom mitgerissen, erreichen ein Gebiet mit höherem statischem Druck, wodurch das Gas kondensiert und die Glasbläschen schlagartig kollabieren. Dabei treten sehr hohe Druck- und Temperaturspitzen auf, die zu wesentlichen Geräuschentwicklungen und Beschädigungen am Propeller führen. Abhilfe verschafft man sich mit einem größeren Flächenverhältnis und mehr Propellerblättern, die jedoch zu einem schlechteren Propellerwirkungsgrad führen. Somit sind dem Durchmesser, der Steigung und der Drehzahl Grenzen gesetzt.

Abbildung 3-5: Propellergrößen: D = Durchmesser, H = Abstand Propellerachse, FS = Freischlag.
[Igor Shoshin/Shutterstock.com]

Da Gleiter eine hohe Geschwindigkeit erreichen sollen, ist eine noch höhere Wasserstrahlgeschwindigkeit erforderlich, wodurch sich die Kavitation bei hohen Geschwindigkeiten kaum noch vermeiden lässt. Zur Schadensbegrenzung verwendet man härteres Material der Propeller (z. B. INOX) und spezielle Blattprofile.

Da der Propeller nicht die gesamte Leistung, die an der Welle zur Verfügung steht, in Vortrieb umsetzen kann, beträgt sein Wirkungsgrad zwischen 50 % und 80 %. Im Durchschnitt kann man von 65 % ausgehen. Dies bedeutet, dass 35 % der Motorwellenleistung nicht in Vorschub umgesetzt werden, sondern nutzlos verloren gehen.

Für einen effizienten Betrieb müssen Motor, ggf. Getriebe und Propeller optimal aufeinander abgestimmt sein. Da Verbrennungsmotoren eine andere Drehmoment- und Leistungskurve als Elektroantriebe haben, sind jeweils unterschiedliche Propeller zu dimensionieren.

Der **Propeller** wandelt das Drehmoment des Antriebs in Schub um, der das Boot vortreibt. Je größer der **Propellerdurchmesser** und je höher die Steigung seiner Flüge sind, desto mehr Schub wird erzeugt.
Durchmesser und Steigung sind begrenzt, da durch zu hohe Strömungsgeschwindigkeiten **Kavitation** auftreten kann. Abhilfe verschafft ein größeres **Flächenverhältnis** sowie eine höhere **Anzahl** der Propellerblätter zum Preis eines schlechteren Wirkungsgrads.
Der Propeller erzeugt einen Wasserstrahl, dessen Geschwindigkeit größer als die Bootsgeschwindigkeit sein muss. Die Abweichung zwischen Boots- und Wasserstrahlgeschwindigkeit heißt **Schlupf.** Je größer der Schlupf ist, desto besser ist der Wirkungsgrad des Propellers.

4 Wie funktioniert der Elektromotor?

Der Elektromotor ist das Herzstück der Elektromobilität auf dem Wasser. Durch ihn wird die in den Batterien gespeicherte Energie in eine Bewegung des Bootes umgesetzt. Doch wie funktioniert so ein Motor, und welche Unterschiede gibt es? Das Grundprinzip ist einfach: Hat man zwei Magneten in der Hand (z. B. von der Kühlschranktür, mit der die Einkaufsliste festgehalten wird), so stellt man fest, dass diese sich auf der einen Seite anziehen und auf der anderen Seite abstoßen.

Der Elektromotor nutzt diesen Effekt aus, um eine Drehbewegung zu erzeugen. Jeder Leiter, durch den ein Strom fließt, erzeugt ein Magnetfeld. Dreht man die Stromrichtung um, ändert das Magnetfeld aus lauter Sympathie auch seine Richtung. Wird dieser Leiter zu einer Spule aufgewickelt und mit einem Weicheisenkern versehen, wird das erzeugte Magnetfeld verstärkt. Bringt man so eine Spule in die Nähe eines äußeren Magnetfeldes, werden sich diese wie die Magneten der Kühlschranktür entweder abstoßen oder anziehen. Jetzt muss die Spule nur noch drehbar gelagert werden, damit sie rotieren kann. Daher nennt man diesen rotierenden Teil den Rotor oder Anker. Das äußere Magnetfeld bleibt stehen und wird daher Stator genannt. Dieses kann je nach Motortyp durch Permanentmagneten (wie die von der Kühlschranktür) oder auch elektrisch über eine Spule (Erregerwicklung genannt) erzeugt werden.

4.1 Gleichstrommotor

Ein Gleichstrommotor besteht wie oben beschrieben aus einem Stator (das stehende Magnetfeld, häufig aus Permanentmagneten) und dem Rotor, mit den elektrisch betriebenen Spulen. Die Anschlüsse dieser Spule können nicht fest sein, da sich diese mit der Drehbewegung aufwickeln und schlussendlich abreißen würden. Der Strom wird über sogenannte Kohlebürsten an den Rotor übergeben. Diese sind an die elektrischen Verbindungen angeschlossen und werden mit Federdruck gegen einen Schleifring am Rotor gedrückt. Dieser kann sich somit frei drehen und trotzdem den Strom absaugen. Der Gleichstrom bleibt in Richtung und Höhe nahezu gleich, somit auch das erzeugte Magnetfeld. Das hätte den

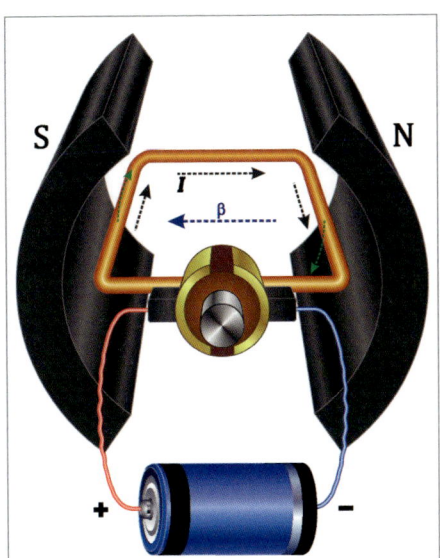

Abbildung 4-1: Funktion des Elektromotors. [Fouad A. Saad/Shutterstock.com]

Effekt, dass sich der Rotor ein wenig bewegen würde, bis ein Gleichgewichtszustand entstünde, wo sich nur noch Seiten gegenüber liegen, die sich anziehen – der Motor steht. Da dieses nicht die gewünschte Funktion ist, haben sich pfiffige Techniker einen Trick einfallen lassen: Sie haben den Schleifring in mehrere isolierte Segmente unterteilt und die Spulen des Rotors so angeschlossen, dass sich mit der Drehung des Rotors die Stromrichtung ständig ändert. Dieses Teil nennt sich *Kommutator*. Somit dreht der Motor fleißig, sobald Strom durch seine Spulen fließt.

An Bord findet man viele Gleichstrommotoren, die nach dem beschriebenen Prinzip funktionieren. Die Trinkwasserpumpe, der Ventilator, die elektrische Ankerwinsch oder das Bugstrahlruder basieren häufig auf dieser Technologie. Die Vorteile dieser Motoren sind der relativ einfache Aufbau sowie der einfache Anschluss.

Trotzdem hat dieser Motor einige Nachteile, durch die er nur selten als Antriebsmotor für ein Boot verwendet werden kann. Die elektrische Leistung muss mindestens so hoch sein wie die gewünschte Antriebsleistung. Der hierfür erforderliche Stromfluss ist gerade bei kleinen Spannungen sehr groß und muss über die Kohlebürsten auf den Rotor übertragen werden. Hierdurch entstehen hohe Verluste sowie elektrische Störungen, und der Motor muss durch den Verschleiß der Kohlebürsten häufig gewartet werden.

Bei einem kurzzeitigen Betrieb wie einer Pumpe oder dem Bugstrahlruder ist dies kein Problem. Bei einem Antriebsmotor, der mehrere Stunden laufen soll, sind die Nachteile jedoch sehr groß. Eine Änderung der Drehzahl eines Gleichstrommotors ist effizient nur mit einer elektronischen Schaltung über Pulsweitenmodulation (PWM) möglich, die besonders bei hohen Strömen ein spürbares Loch in die Bordkasse reißen kann.

Wird Ihnen ein Bootsantrieb mit Gleichstrommotor angeboten, so kann dieses in der Investition relativ günstig sein. Der Wartungsaufwand für dieses System sowie die geringere Reichweite können das Vergnügen jedoch schnell trüben.

4.2 Asynchronmotor

Der Asynchronmotor ist ein Elektromotor, der mit Drehstrom betrieben wird. Drehstrom besteht aus drei Phasen, die durch ihre 120° Phasenverschiebung ein Drehfeld erzeugen. Dieses wird verwendet, um in dem Stator mithilfe von Spulen ein sich drehendes Magnetfeld zu erzeugen. Der Rotor besteht aus einem sogenannten Kurzschlussläufer. Das erforderliche Magnetfeld wird durch einen Stromfluss erzeugt, der in die Spulen des Rotors berührungslos induziert wird. Somit benötigt dieser Motortyp keine Kohlebürsten. Die Bezeichnung »asynchron« beruht darauf, dass die Motordrehzahl nicht im Einklang mit der Netzfrequenz ist, sondern ihr konstruktionsbedingt hinterherhinkt. Je höher die Belastung ist, desto größer wird diese Drehzahldifferenz. Das kann dazu führen, dass bei großen Belastungen wie z. B. Gegenwind nicht der volle Schub zur Verfügung steht.

Der Asynchronmotor dient als Arbeitspferd der Elektromotoren, da er sehr langlebig und wartungsarm ist. Es gibt ihn in einem sehr großen Leistungsspektrum, sodass z. B. auch Lokomotiven mit einem Asynchronmotor angetrieben werden können.

Als Nachteile dieses Arbeitspferds kann der hohe Anlaufstrom sowie die aufwendige Drehzahlregelung betrachtet werden. Da wir an Bord sowieso Elektronik benötigen, um aus dem in den Batterien gespeicherten Gleich-

strom den für den Motor notwendigen Drehstrom zu erzeugen, können diese Nachteile allerdings gut kompensiert werden.

Ein Bootsantrieb mit einem Asynchronmotor wird an Bord zuverlässig seinen Dienst verrichten, jedoch die notwendige Leistung bei hoher Belastung vielleicht nicht voll erbringen können und nicht der effizienteste Elektroantrieb sein.

4.3 Synchronmotor

Der Synchronmotor wird ebenfalls mit Drehstrom betrieben. Im Gegensatz zum Asynchronmotor wird das Erreger-

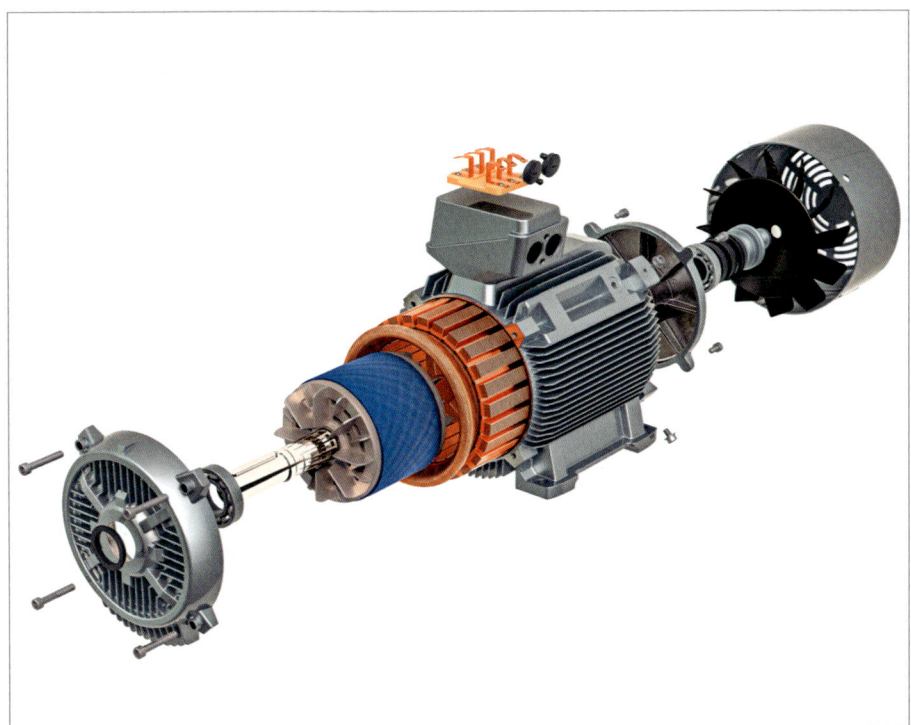

Abbildung 4-2: Der Asynchronmotor ist einfach im Aufbau und robust im Betrieb. [natatravel/ Shutterstock.com]

feld im Rotor elektrisch (über Schleifringe) oder über Permanentmagnete im Rotor erzeugt. Da die Erregerleistung relativ gering ist, ist der Verschleiß der Kohlebürsten und Schleifringe klein.

Wie der Name bereits ausdrückt, ist die Motorendrehzahl proportional zur Frequenz. Um dieses zu erreichen, zieht der Synchronmotor genau so viel Strom, wie er benötigt, um bei der gewünschten Drehzahl das notwendige Drehmoment zu erreichen. Wird mehr Leistung gefordert, um eine vorgegebene Propellerdrehzahl aufrechtzuerhalten, zieht der Motor automatisch mehr Strom.

Auch dieser Motor ist sehr zuverlässig, in großen Leistungen verfügbar und benötigt die gleiche Elektronik, um den erforderlichen Drehstrom in variabler Frequenz zu erzeugen.

Im Vergleich zum Asynchronmotor ist der Synchronmotor bei gleicher Leistung bis zu 30 % kleiner und leichter und kann einen Wirkungsgrad von bis zu 95 % erreichen.

Nachteile dieser Antriebe sind die Verwendung von seltenen Erden bei permanenterregten Motoren, die komplizierte Montage der Magneten und die vergleichsweise hohen Kosten.

Für den elektrischen Bootsantrieb sind Synchronmotoren die effizienteste Variante. Besonders die Motoren, die mit Permanentmagneten erregt werden, können am besten die in den Batterien gespeicherte Energie in Vortrieb umsetzen und benötigen praktisch keine Wartung.

> Der **Elektromotor** wandelt elektrische Energie in eine mechanische Drehbewegung um. Dieses basiert auf magnetischen Anziehungs- und Abstoßungskräften.
> Der **Gleichstrommotor** ist durch seinen hohen Verschleiß schlecht für den Dauerbetrieb als Antriebsmotor geeignet.
> Der **Asynchronmotor** wird mit Drehstrom betrieben und ist ein zuverlässiges Arbeitspferd.
> Der **Synchronmotor** ist ebenfalls ein Drehstrommotor, der kleiner als ein Asynchronmotor gebaut werden kann. Wird er mit Permanentmagneten erregt, erreicht er den besten Wirkungsgrad.

4.4 Bauformen

Ein weiteres Kriterium für die Auswahl des richtigen Elektromotors ist die Bauform. Hierbei handelt es sich aber nicht um die geometrische Form, also ob der Motor rund oder eckig ist, sondern um die Position von Rotor und Stator. Folgende Formen werden unterschieden:

4.4.1 Innenläufer

In dieser klassischen Bauform des Elektromotors wird der Rotor vom Stator umschlossen. Der Rotor ist der sich drehende Teil in der Mitte, der von dem Stator umschlossen wird. Da die stromführenden Spulen des Stators außen liegen, kann der Motor einfach gekühlt werden. Im Vergleich zu anderen Bauformen hat dieser Motor ein kleineres Drehmoment.

Abbildung 4-3: Beim Innenläufer ist der drehende Rotor vom Stator umschlossen. [Siemens]

4.4.2 Scheibenläufer

Bei diesem Motor hat der Rotor die Form einer Scheibe. Er erzeugt das Drehmoment, indem die Achse des Magnetfelds nicht radial, sondern parallel zur Welle angeordnet wurde. So wird bei gleicher Kraft ein höheres Drehmoment erzielt. Der Preis ist ein relativ großer Durchmesser, sodass diese Motoren nicht in allen Gegebenheiten eingebaut werden können (z. B. Außenborder). Bei Elektrofahrrädern und Elektroautos wird diese Bauform jedoch häufig verwendet.

4.4.3 Außenläufer

Wie der Name schon vermuten lässt, sind beim Außenläufer die stromführenden Spulen des Stators innen angeordnet. Die rotierenden Magnete liegen auf einer außen laufenden Glocke. So erreichen Außenläufer bei gleicher Baugröße ein deutlich höheres Drehmoment als Innenläufer. Diese Bauform wird häufig für Radnabenmotoren und für hoch effiziente Bootsmotoren verwendet.

> Die **Bauform** des Elektromotors beeinflusst das erzeugte Drehmoment sowie die Wärmeabfuhr. **Außenläufer** haben das größte Drehmoment, jedoch einen erhöhten Aufwand zur Kühlung.

4.5 Steuerung und Drehzahlregelung

Um ein Boot manövrieren zu können, benötigt man die Möglichkeit, die Fahrtrichtung zu bestimmen (vor- oder rückwärts) sowie die Drehzahl stufenlos zu verstellen.

4.5.1 Steuerung Verbrennungsmotor

Bei einem Verbrennungsmotor kann die Drehzahl einfach über die Kraftstoffmenge verändert werden. Für die Umkehrung der Drehrichtung ist ein Wen-

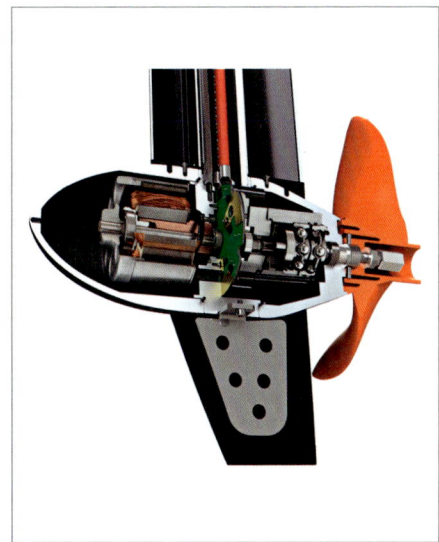

Abbildung 4-4: Ein permanenterregter Synchronmotor als Außenläufer bietet maximale Effizienz und größtes Drehmoment. [Torqeedo]

degetriebe zwingend erforderlich (es sei denn, man hat einen Mittelschnellläufer aus der Berufsschifffahrt, der für die Rückwärtsfahrt umgesteuert werden kann). Zusätzlich wird über das Getriebe die Wellendrehzahl reduziert und das Drehmoment erhöht.

Das Drehmoment eines Verbrennungsmotors ist stark von seiner Drehzahl abhängig. Im Standgas ist das Drehmoment gering, erst bei höheren Drehzahlen erreicht es ein Maximum. Steigt die Drehzahl weiter an, fällt das Drehmoment irgendwann wieder ab.

Aus diesem Grund hat das Getriebe im Auto unterschiedliche Gänge, um je nach Belastung das optimale Drehmoment abrufen zu können.

Wir kennen dieses Phänomen vom Fahrradfahren: Ist der Berg zu steil, schalten wir einen Gang runter und strampeln wie ein Hamster im Laufrad (erhöhen die Drehzahl), um den Berg hinauffahren zu können.

Das Wendegetriebe an Bord kennt nur eine Untersetzung, sodass das maximale Drehmoment nur in einem schmalen Drehzahlbereich abrufbar ist.

4.5.2 Steuerung Elektromotor

Elektromotoren haben den erheblichen Vorteil, dass ihre Drehrichtung durch einfaches Umpolen gedreht werden kann. Ein Wendegetriebe ist daher nicht erforderlich.

Elektromotoren können in Verbindung mit ihrer Regeleinheit ein nahezu kon-

Abbildung 4-5: Die Bedienung der Drehzahlsteuerung ist bei Verbrenner- und Elektroantrieb ähnlich. [Torqeedo]

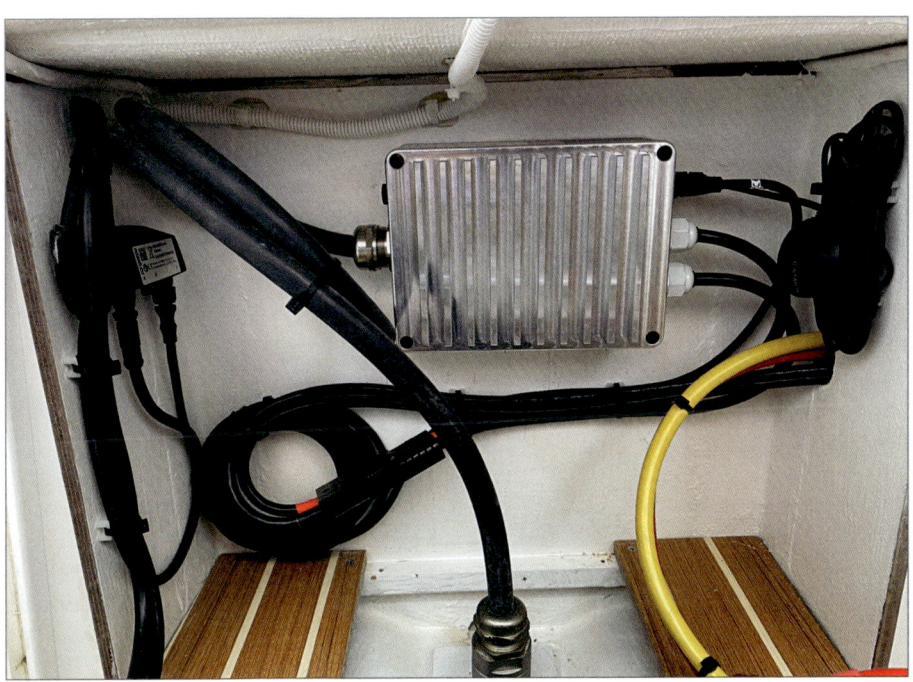

Abbildung 4-6: Der Inverter wandelt den Gleichstrom in Drehstrom um und ermöglicht die Veränderung der Drehzahl des E-Antriebs. [Torqeedo]

stantes Drehmoment über den gesamten Drehzahlbereich zur Verfügung stellen, sodass das maximale Drehmoment bereits ab dem Stand zur Verfügung steht. Mit dem hierfür passenden Propeller kann ein Elektromotor bei kleiner Drehzahl deutlich mehr Schub erzeugen als ein Verbrennungsmotor. Die kontinuierliche Veränderung der Drehzahl ist beim Elektromotor etwas komplizierter. Beim Gleichstrommotor ist die Drehzahl abhängig von der angelegten Spannung. Früher wurden große, veränderbare Widerstände in Reihe zum Motor geschaltet, die einen Spannungsabfall verursacht haben, um die Drehzahl zu reduzieren. Dafür musste jedoch die Energie am Widerstand in Wärme umgesetzt werden, was eine

höchst ineffiziente Lösung ist. Für den batteriebetriebenen Einsatz ist diese Lösung unbrauchbar.

Moderne Systeme zur Drehzahlregelung von Gleichstrommotoren arbeiten mit einer sogenannten Puls-Weiten-Modulation (PWM). Der Motor wird eine gewisse Zeit ein- und wieder ausgeschaltet. Je länger die Einschaltzeit ist, desto schneller dreht der Motor. Diese Umschaltung erfolgt mehrere 1000-mal in der Sekunde, sodass man durch die Masseträgheit des Rotors den Ein- und Ausschaltvorgang nicht sehen kann. Gleichstrommotoren sind durch den hohen Wartungsaufwand und den schlechten Wirkungsgrad als Bootsantriebe kaum zu empfehlen.

Die Drehzahl der Drehstrommotoren kann durch die Anzahl der magnetischen Polpaare sowie durch die Frequenz des Drehstroms verändert werden. Da die Anzahl der Polpaare nicht stetig verändert werden kann, kommt für die Drehzahlanpassung an Bord nur die Veränderung der Frequenz in Frage. Diese Aufgabe übernimmt der sogenannte *Frequenzumrichter,* der auch *Inverter* genannt wird. In Bootsantrieben wird der gespeicherte Gleichstrom in Drehstrom mit variabler Frequenz umgewandelt. Die Höhe der Spannung bleibt grundsätzlich gleich, d. h., dass eine 36-V-Batterie einen 36-V-Drehstrommotor antreibt und für einen 400-V-Antriebsmotor eine Batteriespannung von 400 V benötigt wird.

Der Frequenzumrichter ist eine geballte Ladung an Elektronik, und es ist nicht verwunderlich, dass es hierfür günstigere und teurere Varianten gibt. Diese unterscheiden sich zum einen in ihrem Wirkungsgrad und zum anderen in der Qualität der Umwandlung. Dies umfasst die Signalform (ein echter Sinus ist mit deutlich mehr Aufwand verbunden, als »quasi-sinusförmige« oder noch schlimmer »trapezförmige«

Umwandlung), die installierten Filter, um Oberwellen und Störungen zu vermeiden, sowie die installierten Schutz- und Überwachungseinrichtungen. Somit kann ein Frequenzumrichter (oder auch Inverter genannt) schnell in der gleichen Preisklasse wie der eigentliche Motor liegen. In den meisten Fällen bilden Motor und Frequenzumrichter eine Einheit und sind bei kleinen Antrieben sogar im gleichen Gehäuse verbaut.

Für die Bedienung des Elektroantriebes muss nur ein dünnes Kabel verlegt werden, um die passende Bedieneinheit anzuschließen. Von hier wird die Anlage ein- und ausgeschaltet und die Drehzahl eingestellt. Die Installation von sperrigen Bowdenzügen, wie man sie von Verbrennungsmotoren kennt, ist nicht erforderlich.

Die **Drehzahlregelung** des Elektromotors erfolgt über elektronische Schaltungen. Bei Gleichstrommotoren kommt die **Puls-Weiten-Modulation (PWM)** zum Einsatz. Für Drehstrommotoren wird über einen **Inverter** aus Gleichstrom Drehstrom mit variabler Frequenz erzeugt.

5 Wie kann der Strom gespeichert werden?

Ein zuverlässiger elektrischer Bootsantrieb setzt voraus, dass die erforderliche Energie vor Ort gespeichert
werden kann. Während man für den
flüssigen Kraftstoff nur einen hohlen
Behälter benötigt, ist für die Speicherung elektrischer Energie mehr Aufwand erforderlich.

Konkret bedeutet dies, dass die elektrische Energie in eine andere Form umgewandelt werden muss, um gespeichert werden zu können. Hierfür haben
sich Batterien durchgesetzt.

Darüber hinaus gibt es die Möglichkeit,
elektrische Energie in Form von mecha-
nischer Energie (z. B. große Schwung-
räder) oder Pressluft sowie durch die
elektrische Erzeugung von Wasserstoff
zu speichern.

5.1 Batteriearten

Batterie ist der Oberbegriff für mehrere verbundene Zellen, die durch eine
chemische Reaktion Energie abgeben,

wenn man eine äußere elektrische Verbindung zwischen dem negativen und
positiven Pol herstellt. Korrekt heißen
sie eigentlich Akkumulatoren, wenn sie
nicht nur ent-, sondern auch geladen
werden können. Da es im englischen
Sprachgebrauch diese Unterscheidung
nicht gibt (dort spricht man nur von
Battery), wird mittlerweile auch bei uns
im Umfeld der Elektromobilität von Batterie gesprochen.

Über viele Jahrzehnte unterlagen Batterien nur wenigen Innovationsschü-
ben. Erst durch die Elektromobilität auf
der Straße ist deutlich Bewegung in die
Technologie gekommen.

Ein wesentliches Kriterium zur Unterscheidung der Batterietypen ist ihre
Lebensdauer, die von der Anzahl der
möglichen Lade- und Entladezyklen
abhängt. Ein Zyklus ergibt sich, wenn
eine Batterie komplett ge- und entladen
wird, wenn also die nutzbare Kapazität
vollständig verwendet wurde. Wird eine
Batterie noch weiter entladen, spricht

Abbildung 5-1: Batterien dienen als Energiespeicher für elektrische Energie an Bord. [Jens Feddern]

man von einer Tiefentladung, die die Batterie dauerhaft schädigt. Der sogenannte Vollzyklus wird dann erreicht, wenn eine von der Speicherkapazität der Batteriezelle abhängige Energiemenge einmal umgeschlagen wurde. Dies können eine einmalige vollständige Ladung und Entladung sein, zwei vollständige Ladungen, aber nur zweimal zur Hälfte entladen, oder wenn die Batterie zweimal auf 80 % geladen und auf 30 % entladen wurde.

Bei elektrischen Antriebssystemen ist davon auszugehen, dass sehr viele Lade- und Entladezyklen auftreten werden. Dieses muss bei der Auswahl der Batterien berücksichtigt werden.

5.1.1 Bleiakkus
Bleiakkus sind bisher die verbreitetsten Energiespeicher in der Schifffahrt.

Ihren Namen verdanken sie ihrem Aufbau und den verwendeten Materialien. Ein Bleiakku besteht aus mehreren Zellen, die jeweils eine Spannung von ca. 2 V erzeugen. Werden mehrere Zellen zusammengeschaltet, ergibt sich eine Gesamtspannung von z. B. 12 V für einen Akku.

Jede Zelle setzt sich aus einer Bleiplatte, einer Bleidioxidplatte und dem Elektrolyten (verdünnte Schwefelsäure) zusammen. Die Plattensätze sind so ineinander verschoben, dass sich positive und negative Platten abwechseln. Sogenannte Scheider aus porösem, säurefestem Kunststoff trennen die Platten voneinander.

Starterbatterien aus dem Baumarkt sind nur für den kurzen Startvorgang ausgelegt, um direkt im Anschluss ge-

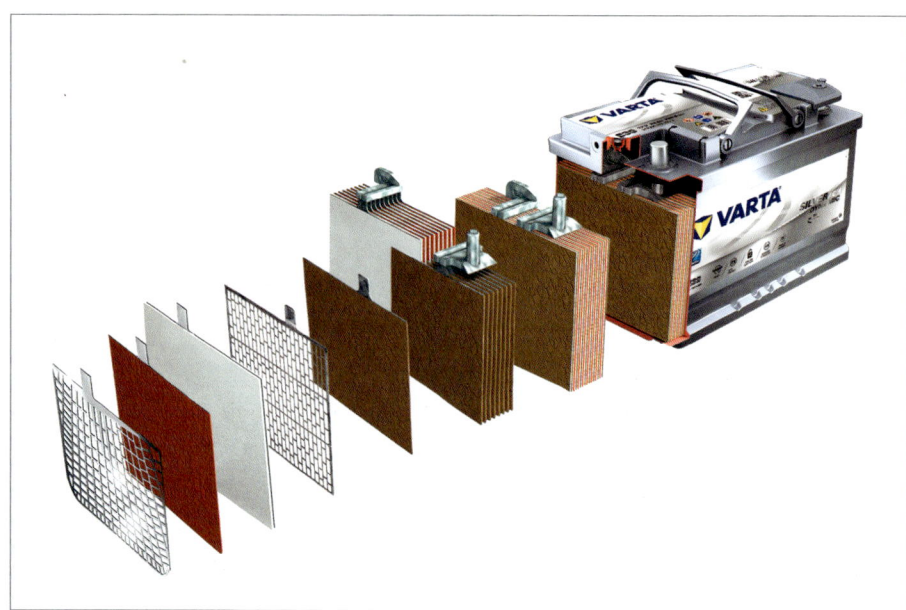

Abbildung 5-2: Aufbau einer Bleibatterie. [Varta]

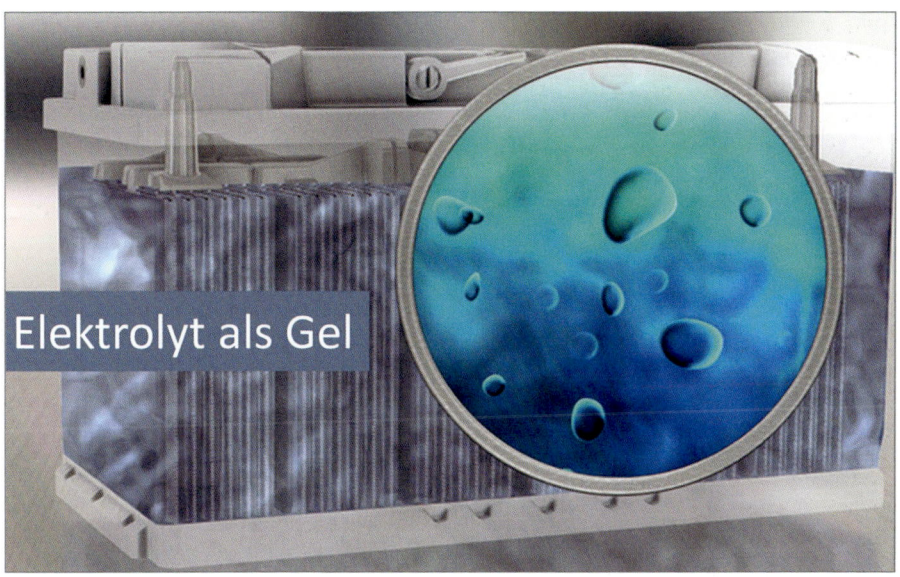

Abbildung 5-3: In Gelbatterien ist der Elektrolyt durch Kieselgel gebunden. [Bosch]

laden zu werden. Die nutzbare Kapazität ist gerade mal 20 %, und das Lebensende ist bereits nach weniger als 100 Zyklen erreicht. Diese Batterie ist grundsätzlich für den Bordeinsatz schlecht geeignet und als Antriebsbatterie absolut ungeeignet.

Nennenswerte Weiterentwicklungen der Bleiakkus sind Gel- und AGM-Batterien.
In *Gelbatterien* ist die Batterieflüssigkeit durch Zusatz von Kieselgel gebunden (»geliert«) und das Gehäuse ist mit Überdruckventilen verschlossen. Aus diesem Grunde sind Gel-Batterien auslauf- und kentersicher.

Dieser Batterietyp hat eine nutzbare Kapazität von bis zu 75 % und übersteht bei 50 % Entladung bis zu 500 Lade- und Entladezyklen. Sein maximaler Ladestrom beträgt ca. 20 % der Kapazität. Somit ist die Batterie nicht schnellladefähig. Als Kompromisslösung werden Gel-Batterien als kostengünstigere Antriebsbatterie für kleinere Systeme bis zu 3 kW Leistung eingesetzt.

AGM (Absorbent Glass Mat) ist die modernste Variante des Bleiakkumulators. In ihr wird der Elektrolyt in Glasfaservlies gebunden. Dadurch erreicht man eine niedrige Selbstentladung. AGM-Batterien sind ebenfalls kenter- und auslaufsicher, und sie lassen sich praktisch in jeder Lage einbauen, was besonders auf kleinen Booten von Vorteil ist.

Im Gegensatz zum Gel bremst das Vlies den Fluss der Ionen deutlich weniger, wodurch AGM-Batterien besonders durch ihre Hochstromfähigkeit punkten. Dies wäre ein Vorteil als Antriebs-

Abbildung 5-4: AGM-Batterien sind die modernste Form der Blei-Batterien. [Bosch]

batterie, doch die nutzbare Kapazität ist mit 50 % geringer als bei Gelbatterien. Zudem ist die Zyklenfestigkeit etwas geringer als bei Gelbatterien.

Traktionsbatterien sind als einzelne 2-V-Zellen konstruiert, von denen je nach gewünschter Spannung sechs, zwölf oder mehr zusammengeschaltet werden.

Sie werden seit vielen Jahren als Antriebsbatterie z. B. in elektrischen Gabelstablern eingesetzt und verfügen über eine Zyklenfestigkeit von mehr als 1000 vollständigen Zyklen. Die Kapazität beträgt bis zu 2700 Ah pro Zelle, die allerdings auch 198 kg wiegt. Traktionsbatterien vertragen einen hohen Ladestrom von bis zu 50 % der Nennkapazität (die erwähnte 2700-Ah-Zelle kann mit bis zu 1350 A geladen werden!). Durch ihr hohes Gewicht scheidet aber auch diese Version als Antriebsbatterie an Bord aus.

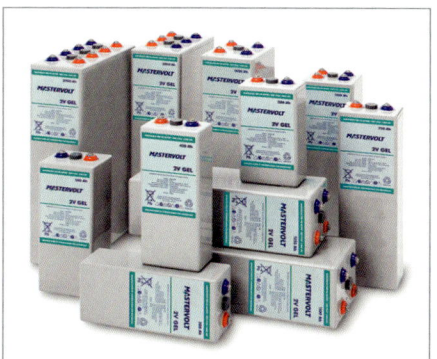

Abbildung 5-5: Traktionsbatterien sind für den Antrieb konstruiert, haben jedoch ein hohes Gewicht. [Mastervolt]

5.1.2 Lithium-Ionen-Batterien

Lithium-Ionen-Batterien sind die derzeit leichtesten, leistungsfähigsten und zyklenfestesten Akkus. Sie überstehen bis zu 10-mal so viele Lade- und Entlade-Zyklen wie Bleiakkus und wiegen

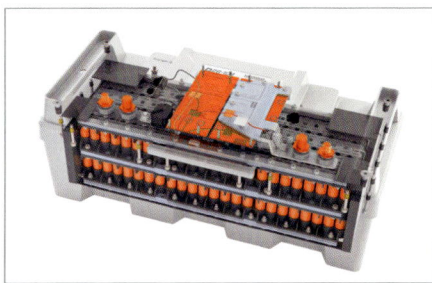

Abbildung 5-6: Lithium-Ionen-Antriebsbatterie mit integriertem Batterie-Management-System (24 V / 3.500 Wh Kapazität). [Torqeedo]

weniger als die Hälfte eines vergleichbaren Bleiakkus. Der Ladestrom kann bis zu 2,8-mal die Nennkapazität betragen, eine 180-Ah-Batterie kann also mit bis zu 500 A schnellgeladen werden. Sie können hohe Entladeströme zur Verfügung stellen, die für einen Antrieb benötigt werden.

Von den unterschiedlichen Materialkombinationen hat sich Lithium-Eisen-Phosphat (LiFePO$_4$) als sichere und zuverlässige Variante auch für den Bordeinsatz etabliert.

Bauarten

Wenn auch das elektro-chemische Grundprinzip der Energiespeicherung ähnlich zu Bleibatterien ist, unterscheidet sich ihr Aufbau erheblich. Die Basis bilden häufig handelsübliche zylindrische *Rundzellen*, wie sie auch in elektronischen Geräten eingesetzt werden. Eine 2170-Zelle hat z. B. einen Durchmesser von 21 mm und eine Länge von 70 mm. Ihre Spannung beträgt 3,2 V bei einer Kapazität von 6 Ah (0,019 kWh). Aus diesen Basiszellen werden durch Reihen- und Parallelschaltungen *Module* erstellt und aus mehreren Modulen der *Fahrzeugakku*, der schlussend-

lich aus mehreren hundert Rundzellen bestehen kann. Die geometrische Anordnung dieser Rundzellen bietet viele Freiheitsgrade, sodass die Batterien gut an die Gegebenheiten im Fahrzeug angepasst werden können.

Weitere Bauarten sind *prismatische Zellen* sowie *Pouchzellen*. Prismatische Zellen sind rechteckig und verfügen über ein Aluminiumgehäuse. Sie sind dadurch stabiler und bieten Vorteile für die Serienfertigung sowie das Recycling.

Pouchzellen werden auch als Lithium-Ionen-Polymer-Batterie bezeichnet. Sie verfügen über eine weiche Hülle und lassen sich vereinfacht kühlen. Somit reduzieren sich die Produktionskosten und die Sicherheit sowie Zuverlässigkeit werden aufgrund der besseren Wärmeleitfähigkeit und der Innendruckkontrolle gesteigert.

Batterie-Management-System (BMS)

Tiefentladung mögen Lithium-Batterien überhaupt nicht. Daher ist jede Li-Ionen-Batterie mit einem integrierten Batterie-Management-System ausgerüstet, dass jede einzelne Zelle überwacht und zu einer Sicherheitsabschaltung bei tiefer Entladung, Überladung oder Überhitzung führt.

Kosten

Die Kosten der Lithium-Ionen-Batterien betragen häufig 50 % der gesamten elektrischen Antriebsanlage. Besonders für den Bordeinsatz liegen die Preise zurzeit noch zwischen 500 € und 1.000 € pro kWh, während die Preise für die Batteriespeicher der E-Autos an Land bereits deutlich purzeln.

Abbildung 5-7: Lithium-Ionen-Antriebsbatterie mit 48 V und 5.000 Wh bei nur 37 kg Gewicht. [Torqeedo]

Dies birgt die Hoffnung, dass die geringeren Preise hoffentlich auch bald an Bord ankommen werden.
Eine 48-V-Lithium-Ionen-Antriebsbatterie von Torqeedo mit 5 kWh nutzbarer Kapazität wiegt ca. 36 kg und kostet ca. 5.000 €. Ihre Lebensdauer ist mit 3.000 Zyklen angegeben.
Dies entspricht einer nutzbaren Kapazität einer Gel-Batterie von ca. 140 Ah. Um die benötigten 48 V zu erreichen, müssen vier Batterien in Reihe geschaltet werden. Daraus ergeben sich z. B. vier Exide ES1600 Batterien, die zusammen stolze 190 kg wiegen. Diese vier Gelbatterien kosten ca. 1.500 €.
Die Lebensdauer der Gel-Batterie ist bei vollständiger Entladung mit 300 Zyklen angegeben, sodass die Lithium-Variante bis zu 10-mal länger fortbestehen sollte.
Die Initialkosten der Gelbatterien betragen gerade einmal 1/3, doch ihr Gewicht ist mehr als 5-mal so groß. Dieses Gewicht will transportiert werden, und hierfür wird zusätzlich Energie benötigt.

Betrachtet man die Lebenszykluskosten, werden die Gel-Batterien am Ende theoretisch 15.000 € kosten, also dreimal so viel wie die Lithium-Variante. Nun kann man sich die berechtigte Frage stellen, ob man im Bootsleben jemals zehn Batteriesätze verbrauchen wird. Der Unterschied bei der Betrachtung der Lebenszykluskosten bleibt trotzdem erheblich.

Denkt man ernsthaft über einen elektrischen Bootsantrieb nach, sind aus meiner Sicht nur die Lithium-Batterien ein ernstzunehmender Batteriespeicher für diese Anwendung.

> Elektrische Energie wird in **Batterien** gespeichert. Ihre Lebensdauer hängt maßgeblich von der Anzahl der Lade- und Entladezyklen ab.
> In der Familie der **Blei-Batterien** gibt es Nass-, Gel-, AGM- und Traktionsbatterien. Nur Gel- und Traktionsbatterien eignen sich bedingt für Antriebsanlagen an Bord.
> **Lithium-Ionen-Batterien** haben eine größere Lebensdauer, weniger Gewicht und vertragen einen hohen Lade- und Entladestrom. Sie sind die bevorzugte Wahl für Antriebsanlagen.

5.2 Batterieschaltungen

Batterien für den Bordeinsatz haben üblicherweise eine Betriebsspannung von 12 V, Traktionsbatterien 2 V. Durch das Zusammenschalten mehrerer Batterien kann man eine höhere Spannung und/oder eine höhere Kapazität erreichen.

Bei Lithium-Batterien ist zu beachten, dass jede einzelne Batterie mit einem Batteriehauptschalter versehen werden muss. Bei Blei-Batterien reicht ein gemeinsamer Hauptschalter in der Plusleitung.

Grundsätzlich gilt für das Zusammenschalten, dass nur Batterien gleichen Typs (Bauart und Kapazität), gleichen Inbetriebnahmedatums und gleichen Ladezustands (am besten im vollgeladenen Zustand) zusammengeschaltet werden sollten. Hierfür gibt es drei Schaltungen:

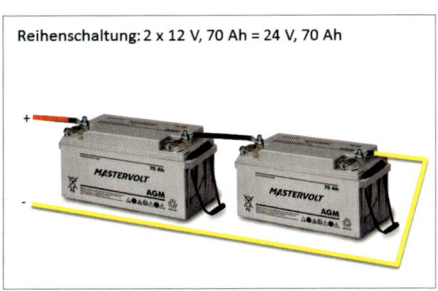

Abbildung 5-9: Die Reihenschaltung verdoppelt die Spannung bei gleichbleibender Kapazität. [Jens Feddern]

Parallelschaltung

Bei der Parallelschaltung werden die Pluspole sowie die Minuspole miteinander verbunden. Die Spannung verändert sich nicht, die Kapazität der Batterien wird addiert. Wenn mehrere 12-V-Batterien parallelgeschaltet werden, sollten die Verbraucher diagonal an die Plus- und Minuspole angeschlossen werden. Wichtig ist, dass die Verbindungsleitungen die gleiche Länge und den identischen Querschnitt haben.

Reihenschaltung

Bei der Reihenschaltung wird der Pluspol der einen Batterie an den Minuspol der anderen Batterie angeschlossen. Die Spannungen der einzelnen Batterien werden addiert, die Kapazität bleibt unverändert. Werden für einzelne Verbraucher unterschiedliche Spannungen benötigt (z. B. 12 V bei einem 48-V-Antriebssystem), darf diese Spannung nicht einfach an einer Batterie abgegriffen werden. Dies führt zu unterschiedlichen Ladezuständen der in Reihe geschalteten Batterien und ggf. zu ihrer Beschädigung. Für diesen Anwendungsfall gibt es Umwandler, die aus den 48 V des Antriebssystem 12 V für die übrigen Verbraucher generieren kann.

Reihen-Parallelschaltung

Bei der Reihen-Parallelschaltung finden beide Schaltungen Anwendung. Die Parallelschaltung erhöht die Kapazität, die Reihenschaltung die Spannung. Die Verbindungsleitungen werden diagonal verlegt, um zwischen den Batteriesätzen Symmetrie herzustellen.

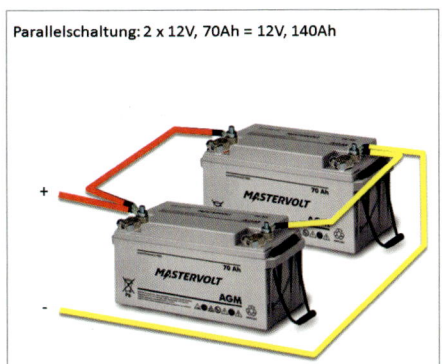

Abbildung 5-8: In der Parallelschaltung verdoppelt sich die Kapazität, und die Spannung bleibt konstant. [Jens Feddern]

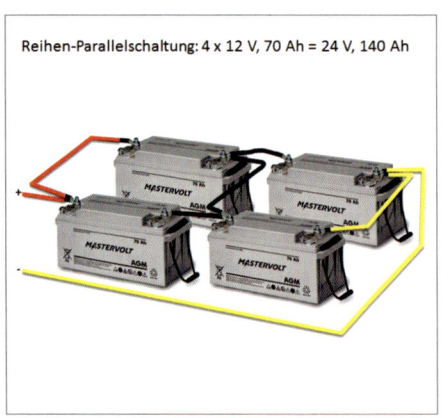

Reihen-Parallelschaltung: 4 x 12 V, 70 Ah = 24 V, 140 Ah

Abbildung 5-10: In der Reihen-Parallelschaltung verdoppeln sich Spannung und Kapazität. [Jens Feddern]

5.3 Hochvoltbatterien

Aus dem ersten Grundgesetz der Bordelektrik wissen wir, dass viel Leistung entweder viel Strom oder eine hohe Spannung benötigt.

Bis 12 kW elektrische Leistungsaufnahme werden 48-V-Antriebe angeboten. (Daraus resultiert ein Strom von 250 A, der Zuleitungen mit einer Querschnittsfläche von mind. 95 mm^2 fordert.)

Es gibt serienmäßige Elektroantriebe mit einer Leistungsaufnahme von über 100 kW. Daher leuchtet es ein, dass ein anderes Spannungsniveau erforderlich ist. Die Batterien von Elektroautos verfügen aus dem gleichen Grund über eine Nennspannung zwischen 300 V und 400 V. Diese werden auch an Bord für die gehobene Leistungsklasse eingesetzt. Besonders beliebt ist die Batterie des BMW i3, die von verschiedenen Herstellern – teilweise in modifizierter Form – an Bord verwendet werden. Diese Batterie hat eine Nennspannung von ca. 350 V, eine Kapazität von gut 42 kWh und wird aus prismatischen Zellen gefertigt.

In diesen High-End Anwendungen unterscheidet sich die Belastung an Bord deutlich von der Verwendung im Elektroauto. Während sich im Auto das Belastungsprofil häufig ändert, sodass sich die Batterie auch mal erholen kann oder sogar durch Rekuperation ein wenig aufgeladen wird, entspricht die Belastung z. B. beim Wasserskifahren einer ständigen Bergauffahrt. Für diese

Abbildung 5-11: Hochvoltbatterie aus dem BMW i3 an Bord. [Sprint Yachts, Mike Bowden]

Anwendungsfälle müssen die Antriebsbatterien an Bord speziell ausgelegt und konstruiert werden.

Die verwendeten Spannungen sind für die Besatzung an Bord lebensgefährlich. Daher müssen besondere Vorschriften beachtet und Sicherheitseinrichtungen installiert werden. Zusätzlich werden große Energiemengen transportiert, was u. a. zu entsprechender Erwärmung der Batterie führt. Die Installation dieser Systeme sollte nur von Profis ausgeführt werden.

5.4 Speicherkonzepte der Zukunft

Der Erfolg der Elektromobilität sowohl an Land als auch auf dem Wasser steht und fällt mit den Energiespeichern. Der Bedarf an Batterien wird sich bis 2030 verzehnfachen, wenn weltweit 300 Millionen E-Autos im Einsatz sein werden.[8]

5.4.1 Neue Batteriekonzepte
Forscher in Industrie und an Hochschulen liefern sich ein Rennen um die Verbesserung der Kapazitäten, Reichweiten, Sicherheit und Wiederverwendung sowie der Reduzierung der Kosten. Im ersten Schritt werden die bestehenden Systeme optimiert, indem z. B. das kritische Kobalt substituiert wird.

Andere Forscher möchten die Zellstruktur verändern, indem die Zellen großflächig übereinandergestapelt werden, wodurch die Kapazität deutlich gesteigert werden soll.
Werden die Elektroden dann noch dünner und aus Silizium und Lithium ausgeführt, verspricht man sich kleinere und leichtere Bauformen.

Viel Hoffnung wird auf sogenannte *Festkörperbatterien* gelegt, in denen der giftige und brennbare Elektrolyt nicht mehr erforderlich ist. Diese Technologie verspricht eine längere Lebensdauer sowie eine hohe Stromaufnahme und -abgabe.

Um sich von seltenen Rohstoffen abzukoppeln, wird an Magnesium-Schwefel-Batterien geforscht, die theoretisch doppelt so viel Energie wie eine Lithium-Ionen-Batterie speichern könnte.[8]
Viel Hoffnung (und Forschungsgeld) wird in die Entwicklung der Lithium-Luft-Batterie gesteckt, die theoretisch eine 10- bis 20-fach höhere spezifische Energiedichte als herkömmliche Lithium-Ionen-Batterien haben kann.[14]

Noch nie wurde so viel Geld in die Batterie-Forschung investiert wie heute. Der Zielmarkt der Forscher ist die Elektromobilität auf der Straße. Doch auch auf dem Wasser werden wir von den Ergebnissen – wenn auch etwas verzögert – profitieren können.

5.4.2 Wasserstoff
Wasserstoff ist theoretisch der ideale Träger, um Energie im großen Umfang zu speichern. Seine Energiedichte ist mit 33 kWh pro kg dreimal so groß wie Diesel oder Benzin und 160-mal größer als die Energiedichte einer Lithium-Ionen-Batterie. Als Verbrennungsprodukt entsteht lediglich Wasser und keine schädlichen Abgase. Wasserstoff kann mittels regenerativ erzeugten Stroms durch Elektrolyse CO_2-neutral aus Wasser gewonnen werden. Der Wirkungsgrad dieser Systeme liegt bei bis zu 80 %.

An Bord wird mit einer sogenann-ten Brennstoffzelle der Wasserstoff in elektrische Energie umgewandelt. Das zentrale Bauteil ist die Protonen-Aus-tausch-Membrane (PEM), in der Platin als Katalysator dient, um die Reaktion anzustoßen. Der Wasserstoff reagiert mit dem Sauerstoff aus der Umge-bungsluft. Dabei entstehen Strom, Wärme und Wasserdampf. Die Strom-produktion erfordert eine Betriebstem-peratur von 60 °C bis 90 °C, sodass die Brennstoffzelle zuerst aufheizen muss. Diese Zeit kann mit einem Akku über-brückt werden. Der Wirkungsgrad der Stromerzeugung liegt zwischen 50 % und 60 %. Beeindruckend ist, dass die Lebensdauer einer Brennstoffzelle mit 15.000 Stunden dem Dreifachen eines Bootsdiesels entspricht, und dieses, ohne dass ein einziger Ölwechsel erfor-derlich ist.

Das hört sich ja eigentlich nach der idealen Lösung für alle Probleme an, wo ist der Haken? Auf die Masse bezo-gen ist die Energiedichte von Wasser-stoff unschlagbar, leider jedoch nicht auf das Volumen. Während Benzin und Diesel bekanntlich bei Raumtemperatur flüssig sind, ist Wasserstoff gasförmig. Der Energiegehalt pro Liter bei Raum-temperatur beträgt somit nur noch 0,003 kWh, während Diesel und Benzin auf ca. 10 kWh kommen.

Daher muss der Wasserstoff sehr stark komprimiert (bei 700 bar beträgt der Energiegehalt 1,3 kWh/l) oder durch Kühlung verflüssigt werden. Hierfür sind dann Temperaturen von -253 °C erforderlich. Beides erfordert richtig viel Energie.

Somit ist eines der größten Probleme die sichere Lagerung des Wasser-

Abbildung 5-12: 40-Fuß-Sportboot mit Wasserstoff und Brennstoffzelle an Bord. [HYNOVA Yachts]

Abbildung 5-13: Katamaran *Energy Observer* als Botschafter für autarken Betrieb mit regenerativen Energien in weltweiter Fahrt. [Jeremy Bidon]

stoffs an Bord unter hohem Druck von 700 bar.

Auch der Transport des Wasserstoffs ist eine große Herausforderung sowie das erforderliche Tankstellennetz. In Deutschland soll das Wasserstoff-Tankstellennetz bis Ende 2022 auf 100 anwachsen. Mit Wasserstoff in Kartuschen, wie sie bei Frauscher vor zehn Jahren zum Einsatz kamen, oder Zylindern, wie sie beispielsweise Air Liquide im Programm hat, ließen sich Vertriebsprobleme lösen. Denkbare Vertriebspartner könnten Marinas oder Bootsausrüster sein.

Viele Unternehmen tüfteln aktiv an Lösungen, um dem Traum vom Wasserstoff-betriebenen Boot Realität werden zu lassen, mit Erfolg:

Die Firma *HYNOVA Yachts* aus Frankreich hat ein offenes 40-Fuß-Sportboot entwickelt, das mit einer 60-kW-Toyota-Brennstoffzelle der neusten Generation ausgerüstet wurde. Das Boot verfügt über zwei Elektromotoren mit jeweils 220 kW Leistung, die aus drei Batterien mit 44 kWh und einer Nennspannung von 615 V betrieben werden. Der von der Brennstoffzelle kontinuierlich erzeugte Strom wird in den Batterien zwischengespeichert, um die erforderlichen Stromspitzen für die Antriebe zur Verfügung zu stellen. Das Wasserstoffgas wird in komprimierter Form bei 350 bar in drei speziell entwickelten Tanks gespeichert. Die Gesamtkapazität beträgt 22,5 kg Wasserstoff, womit die Brennstoffzelle die Nennleistung von 60 kW 12 Stunden lang aufrechterhalten kann. Damit erreicht das 9 Tonnen schwere Boot eine Höchstgeschwindigkeit von 25 Knoten, wobei die empfohlene Marschgeschwindigkeit 12 Knoten beträgt. Mit einer Geschwindigkeit von 6 Knoten wird eine Reichweite von knapp 70 Meilen erreicht.

Für ganz große Yachten und Schiffe sind Brennstoffzellen die einzige Alternative, um den hohen Energiebedarf zu decken. *Aqua* ist die erste wasserstoffbetriebene Superyacht, die sich zurzeit im Bau befindet und bis 2024 fertiggestellt werden soll. Sie verfügt über zwei 28-Tonnen-Tanks, in denen flüssiger Wasserstoff bei -253 °C gelagert wird. Mit einer Tankfüllung soll sie dann 6.000 km zurücklegen können. Die Brennstoffzellen generieren 4.000 kW. Auch hier kommen zusätzlich Lithium-Ionen-Batterien mit einer Kapazität von 1.500 kWh zum Einsatz.

Die legendäre *Lürssen-Werft* geht in einer strategischen Partnerschaft mit dem Brennstoffzellen-Spezialisten *Freudenberg* einen anderen Weg: Sie setzen auf eine Methanol-Variante, bei der Wasserstoff direkt per Dampfreformierung im System erzeugt wird. Methanol kann mittlerweile vollständig emissionsneutral hergestellt

und bei Raumtemperatur im flüssigen Zustand gelagert werden.

Als Beweis, dass Elektromobilität auf dem Wasser vollständig autark möglich ist, fährt der Katamaran *Energy Observer* seit mehreren Jahren mit wechselnder Besatzung rund um die Welt. Über Solarzellen und Windgeneratoren wird der Wasserstoff mithilfe der bordeigenen Meerwasser-Entsalzungsanlage direkt aus dem Meer gewonnen und mit 350 bar Druck in die Tanks gepresst. Bei fehlendem Sonnenlicht dient der Wasserstoff über eine Brennstoffzelle als Energiequelle. Damit können zwei Lithium-Ionen-Batterien mit 400 Volt Spannung das Boot antreiben. Das Boot sei ein Modell für die vernetzte Energie der Zukunft.

Wasserstoff hat eine sehr hohe Energiedichte pro kg. Mit einer **Brennstoffzelle** wird daraus Strom, Wärme und Wasser erzeugt.
Um Wasserstoff an Bord verwenden zu können, muss dieser sehr stark komprimiert werden (bis zu 700 bar) oder durch Kühlung bei -253 °C verflüssigt werden.
Die Infrastruktur zur Versorgung mit Wasserstoff besteht heute noch nicht in ausreichendem Umfang.

6 Wie tankt man ein Elektroboot?

Damit die Batterien an Bord Energie abgeben können, müssen sie vorher mit Strom geladen worden sein. Für diesen Vorgang möchte die Batterie belohnt werden. Sie erzeugt also Verlustleistung, die zum Großteil in Form von Wärme an die Umgebung abgegeben wird.

Je nach Batterietyp ist die Menge an Strom, die eine Batterie aufzunehmen gewillt ist, sehr unterschiedlich. Bei einer Blei-Nassbatterie beträgt der maximale Ladestrom ca. 10 % der Batteriekapazität, eine Gel-Batterie verkraftet mit 20 % bereits das Doppelte und eine Traktionsbatterie verträgt bis zu 50 %. Hierbei handelt es sich allerdings um maximale Ladeströme. Das bedeutet nicht, dass die Batterie diese kontinuierlich aufnehmen kann. Bis zu 80 %

der Kapazität kann dieser Batterietyp mit relativ hohem Strom geladen werden. Die verbleibenden 20 % möchte die Batterie deutlich ruhiger angehen und benötigt hierfür 80 % der gesamten Ladedauer. Nun könnte man auf die Idee kommen, die Batterie nur in der Hochstromphase auf 80 % zu laden und auf den Rest der Kapazität zu verzichten. Dies wird jedoch die Lebensdauer des Energiespeichers deutlich verkürzen. Dieser Batterietyp sollte mindestens jeden vierten Ladezyklus vollständig geladen werden.

Lithium-Ionen-Batterien sind in der Ladung etwas agiler und können bis kurz vor voll mit hohem Ladestrom gefüllt werden. Dadurch reduziert sich die Ladezeit deutlich. Sie vertragen einen Ladestrom, der bis zu 200 % der

Abbildung 6-1: Die Bunkerstation für einen Elektroantrieb muss Strom liefern. [Aqua Electric]

Kapazität entspricht. Das integrierte Batterie-Management-System (BMS) kommt auch hier zum Einsatz, um toleranzbedingte Unterschiede zwischen den Zellen auszugleichen.

Wichtig bei der Ladung aller Batterietypen ist die Verwendung der richtigen Ladekennlinie sowie die angeschlossene Temperaturüberwachung der Batterien. Dies gilt für alle Ladeeinrichtungen an Bord. Typischerweise werden Laderegler mit einer IUoU-Kennlinie verwendet. Zuerst wird die Batterie mit einem hohen, konstanten Strom geladen. Hierdurch steigt die Batteriespannung an, die begrenzt werden muss. Ab einem pro Batterietyp definierten Wert schaltet das Ladegerät dann auf eine konstante Spannung um, wodurch der Ladestrom nach und nach reduziert wird. Ist die Batterie schlussendlich voll, schaltet der Laderegler für die Erhaltungsladung auf eine geringere Spannung um.

> Die möglichen **Ladeströme** sind je nach Batterietyp sehr unterschiedlich. Lithium-Ionen-Batterien sind auch hier klar im Vorteil.
> Für das Laden der Batterien sind spezifische **Ladekennlinien** erforderlich, die je nach Batterietyp angepasst werden. Eine Temperaturüberwachung der Batterien während der Ladung ist sehr wichtig.

6.1 Landanschluss

Hat man das Glück, mit seinem Boot an der Steganlage einer Marina zu liegen, wird man an seinem Platz mit großer Wahrscheinlichkeit eine 230-V-Steckdose finden. Diese sollte zwischen 6 A und 10 A abgesichert sein, sodass man zwischen 1.300 W und 2.300 W elektrische Leistung abrufen kann.

Beispiel
Ein gängiges Ladegerät für Elektroantriebe an Bord ist z. B. das Power-48-5000 von *Torqeedo*. Die Ladeleistung ist mit 650 W angegeben. Berücksichtigt man einen Wirkungsgrad von 80 %, wird der Steckdose an Land ca. 800 W entnommen. Die Ladedauer für die Power-48-5000 Lithium-Ionen-Batterie mit einer Kapazität von 5 kWh wird mit maximal 10 Stunden angegeben (von 0 % auf 100 %). Über Nacht sollte der Tankvorgang abgeschlossen sein.

Abbildung 6-2: Das Laden über den Landanschluss ist durch die maximal verfügbare Leistung begrenzt. [RMCS]

Eventuell kann der Landanschluss sogar noch mehr Leistung abgeben. Wenn ich diese nicht für das Laden der Verbraucherbatterien oder den Staubsauger benötige, können bis zu drei dieser Ladegeräte parallelgeschaltet werden, um die Ladezeit entsprechend zu verkürzen.

Hat man einen guten Draht zum Hafenmeister, der zulässt, den Landanschluss an eine mit 16 A abgesicherte Steckdose zu betreiben, kann ein anderes Ladegerät zum Einsatz kommen, welches eine Ausgangsleistung von bis zu 2.900 W bietet. Der Ladevorgang der oben genannten Batterie kann damit in weniger als zwei Stunden durchgeführt werden. Die Leistungsaufnahme kann eingestellt werden, falls der Landanschluss doch etwas schwächer sein sollte.

Abbildung 6-3: Ladegerät für den Betrieb am Landanschluss. Bis zu drei Geräte können parallel geschaltet werden. [torqueedo]

Sollte das Boot mit einer oder mehreren Hochvoltbatterien ausgerüstet sein, kommen Systeme zum Einsatz, die auch für das Laden von Elektrofahrzeugen an Land verwendet werden. Diese werden für den Einsatz an Bord und am Wasser entsprechend modifiziert, insbesondere die Erhöhung der Schutzart auf IP 65 (spritzwassergeschützt) sowie weniger korrodierende Werkstoffe.

> Die Ladedauer ist abhängig von der *verfügbaren Leistung* am Landanschluss im Hafen. Diese variiert üblicherweise zwischen 1,3 kW und 3 kW. Die *Ladeinfrastruktur* an Bord muss in der Lage sein, diese Leistung für die Ladung abzurufen.

6.1.1 Ladearten und Steckverbindungen

Berits 2014 hat der Rat der Europäischen Union die Richtlinie 2014/94/EU »über den Aufbau der Infrastruktur für alternative Kraftstoffe« erlassen. In diesem durchaus lesenswerten Dokument wird neben der Elektromobilität an Land auch der Energiebedarf der See- und Binnenschifffahrt angeschnitten. Die Definition für »Elektrofahrzeuge« gemäß dieser Richtlinie sagt aus, dass ein elektrischer Antriebsmotor sowie ein elektrisch aufladbares Energiespeichersystem erforderlich sind. Somit trifft sie auch für die E-Mobilität auf dem Wasser zu.

Diese Richtlinie beinhaltet unter anderem die Forderung, dass die Mitgliedstaaten sicherstellen, dass eine öffentlich zugängliche Infrastruktur für die Stromversorgung von Elektrofahrzeugen aufgebaut wird[15]. Als uni-

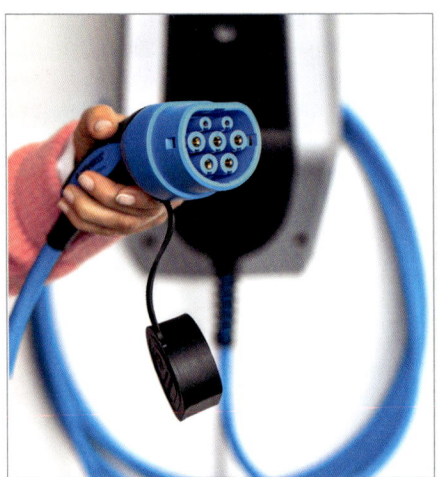

Abbildung 6-4: Ladekupplung »Typ 2« gemäß EN 62196-2 als EU-weiter Standard für das Laden von Elektrofahrzeugen. [Mennekes]

onsweit gemeinsame Schnittstelle für das Laden von Elektrofahrzeugen werden die Steckertypen »Typ 2« und »Combo 2« gemäß EN 62196 gefordert, die im Anschluss genauer vorgestellt werden.

Die EN 62196 ist eine internationale Norm, die unterschiedliche Steckertypen für Elektrofahrzeuge festlegt. Die verschiedenen Betriebsarten zum Laden der Batterien wurden in der IEC61851-1 spezifiziert.

»Mode 1« – langsame Ladung an Haushaltssteckdosen mit Schutzkontakt (Schuko)
»Mode 2« – Ladung ein- bis dreiphasig per steckerseitig fest codiertem Signal
»Mode 3« – Ladung mit spezifischen Ladestecksystemen für Elektrofahrzeuge mit Pilot- und Kontrollkontakt
»Mode 4« – schnelle Ladung mit Steuerung durch ein externes Ladegerät

Grundsätzlich wird der Ladevorgang über einen Pilotkontakt freigegeben. Hierbei handelt es sich um ein Steuersignal, über den die Ladestation eingeschaltet wird. Fehlt dieses Signal, kann kein Ladestrom fließen. Zusätzlich kann während des Ladevorgangs das Fahrzeug nicht in Betrieb genommen werden.

Mode 1
Der »Mode 1« ist die einfachste Art der Batterieladung, die sowohl einphasig (230 V) als auch dreiphasig (400 V) bis zu einer Stromstärke von 16 A erfolgen kann. Das Ladegerät befindet sich an Bord.

In dieser Betriebsart ist kein Pilotkontakt erforderlich, um den Ladevorgang zu ermöglichen. Daher sind hierfür keine speziellen Stecker erforderlich, sodass Standard-CEE-Stecker gemäß IEC-60309 wie beim Landanschluss zum Einsatz kommen können. Die entsprechenden Schutzeinrichtungen für den Landanschluss wie FI-Schutzschalter und allpolige Absicherung sind zu berücksichtigen.

Abbildung 6-5: 230-V-CEE-Steckverbinder, wie man ihn vom Landanschluss kennt. [SVB]

Abbildung 6-6: CEE-Drehstromanschluss für Ladegeräte bis zu 22 kW. [Michi-Nordlicht]

Mode 2

Im »Mode 2« wird das Ladegerät an Bord über ein spezielles Ladekabel mit integrierter Steuer- und Schutzeinrichtung an die 230-V- oder 400-V-Steckdose angeschlossen. Diese Schutzeinrichtung heißt »In-Kabel-Kontrollbox (ICCB)« und übernimmt Sicherheits- und Kommunikationsfunktionen wie z. B. Strombegrenzung und Gleichstromfehlerüberwachung.

Die nach IEC 60309 spezifizierten Stecker legen durch ihre Bauart fest, ob der Landstrom auf 16 A oder 32 A begrenzt ist. Die Signalisierung zum Fahrzeug beschränkt sich auf feste Werte, der Pilotkontakt zur Ladefreigabe kann durch Einstecken überbrückt werden.[16] Steht im Hafen ein 400-V-Drehstromanschluss zur Verfügung, können Ladegeräte in dieser Betriebsart mit einer Anschlussleistung von bis zu 22 kW verwendet werden. Dies übersteigt jedoch bei Weitem die »übliche« Landanschlussinstallation in einer Marina.

Mode 3

»Mode 3« ist die übliche Betriebsart an öffentlichen Ladepunkten und kann für Schnellladungen bis zu 250 A verwendet werden. In dieser Betriebsart wird die Ladung über den Pilotkontakt freigegeben und der Ladevorgang über digitale Kommunikation gezielt beeinflusst. So wird der maximal zulässige Ladestrom erkannt und die verfügbare Anschlussleistung auf unterschiedliche Ladeteilnehmer im laufenden Betrieb verteilt.

Die Ladekupplung »Typ 2« verfügt über sieben Kontakte, die für unterschiedliche Funktionen verwendet werden. Die oberen beiden Kontakte dienen der Kommunikation, der mittlere Kontakt ist in allen Betriebsarten die Erdung. Die übrigen Kontakte können für das Laden mit Wechselstrom bis 80 A, Drehstrom bis 63 A und Gleichstrom bis 140 A verwendet werden.

Mit der Entscheidung für einen bevorzugten Steckertyp in Europa bedeutet das nicht, dass andere Kontinente diesem Weg folgen. So überrascht es nicht, dass in Asien und USA ein anderer Stecker das Rennen gemacht hat, der in die internationale Normierung IEC 62196-2 als »Typ 1«-

Abbildung 6-7 Hochstrom-Ladeanschluss in den USA. [Ingenity]

Abbildung 6-8: Der italienische Hersteller e-concept bietet maritime Ladesäulen mit Typ-2-Steckverbindungen und Mode-3-Ladefunktionalität. [e-concept]

Kupplung eingegangen ist. Diese hat nur fünf Kontakte. Zwei werden für die Kommunikation benötigt, sodass für das Laden mit den verbleibenden Anschlüssen nur mit Wechselstrom geladen werden kann.

Mode 4
Diese Betriebsart ist für die Schnellladung mit Gleichstrom vorgesehen. In dieser Betriebsart befindet sich das Ladegerät an Land und liefert Ströme von bis zu 400 A bei Ladespannungen von bis zu 380 V. Hierfür ist ein erweiterter Stecker mit zwei zusätzlichen DC-Kontakten erforderlich, die sogenannte Combo2-Kupplung.

Abbildung 6-9: In Venedig wurden die Ladesäulen flächendeckend in die Festmacherdalben integriert. [e-concept]

Abbildung 6-10: Combo2-Kupplung für das ausschließliche Laden mit Gleichstrom. Im oberen Stecker werden nur die Signalkontakte und die Erdung verwendet, der Gleichstrom wird in den zusätzlichen Kontakten unterhalb übertragen. [Aqua Superpower]

Ein weiterer Spezialist auf dem Gebiet der Marine-Hochstrom-Ladesäulen ist die Firma *Aqua Superpower*, die ihre Systeme in drei Häfen an der Côte d'Azur installiert hat. Hier findet sich anscheinend die Kundschaft,

die über Boote mit entsprechenden Bedürfnissen verfügen. So verwundert es nicht, dass hier »Mode 4«-Super-Charger zum Einsatz kommen, die mit einer Leistung von bis zu 150 kW direkt mit Gleichspannung die Batterien in kürzester Zeit aufladen.

> Die Ladeinfrastruktur an Land ist standardisiert. Es gibt vier unterschiedliche **Lademodi:**
> **Mode 1:** Ladung über den Landanschluss ohne Rückmeldung
> **Mode 2:** Ladung über spezielle Steckverbinder mit Rückmeldung bis 22 kW
> **Mode 3:** Schnelladesäulen mit Kommunikation bis 85 kW
> **Mode 4:** Schnelladesäulen mit Gleichstrom bis zu 150 kW

6.2 Solar, Wind und Wasser

Es ist verlockend, regenerative Energieformen wie Wind und Sonne zu nut-

Abbildung 6-11: Super-Schnellader sind an der Côte d'Azur bereits Standard. [Aqua Superpower]

Abbildung 6-12: Auf dem Katamaran *Energy Observer* wurden alle verfügbaren Flächen mit Solar-Paneelen bestückt. [Energy Observer]

zen, um damit den elektrischen Betrieb an Bord inklusive Antrieb zu betreiben. Der bereits erwähnte Katamaran *Energy Observer* ist der Beweis, dass dieses grundsätzlich möglich ist. Fairerweise sollte aber erwähnt werden, dass dieser Katamaran kein normales Wasserfahrzeug ist, denn bis zum Energie-autarken Betrieb sind ein paar Hürden zu nehmen.

6.2.1 Solaranlagen

An der deutschen Küste liegt die durchschnittliche jährliche Leistungsdichte bei ca. 1.000 kWh/m^2, im Mittelmeerraum sind es bis zu 50 % mehr.[17]

Solarmodule bestehen aus 36 bis 42 Solarzellen, die in Reihe geschaltet werden. Um effektiv Energie aus den Modulen gewinnen zu können, ist die optimale Ausrichtung zur Sonne zu berücksichtigen sowie jegliche Beschattung zu vermeiden (beides beeinflusst die Leistungsausbeute zwischen 10 % und 100 %). Diese Voraussetzungen

können an Bord nicht optimal erfüllt werden. Kann man 50 % der maximalen Leistung erreichen, handelt es sich um eine sehr gute Anlage.

Ein 100-Wp-Modul belegt eine Fläche von ca. 0,7 m^2. Der maximale Ladestrom beträgt 5,5 A, sodass aus den oben genannten Gründen 2,5 A bereits eine gute Ausbeute sind. Somit lassen sich realistisch ca. 35 Ah pro m^2 und Tag für eine 12-V-Anlage gewinnen, was in etwa 0,4 kWh pro m^2 und Tag entspricht.

Beispiel
Meine Hurley ist 22 Fuß lang und wiegt ca. 2,4 t. Heute habe ich einen 6-PS-Außenborder an Bord, der z. B. durch einen *Torqeedo Cruise 3.0 RL* mit einer elektrischen Leistungsaufnahme von 3 kW ersetzt werden könnte. Da ich ja nicht ständig Vollgas gebe, schätze ich eine mittlere Leistungsaufnahme von 2 kW. Berücksichtige ich den Wirkungsgrad der Ladung, muss ich ca. 2,2 kW

Abbildung 6-13: Hurley 700 mit 6 PS Antriebsleistung. [Timo Feddern]

Abbildung 6-14: Auf einem Mehrrumpfboot stehen deutlich mehr Flächen für die Installation von Solarpaneelen zur Verfügung. [Silent-Yachts]

pro Fahrtstunde nachladen. An einem sonnigen Tag würde ich eine mit Solarpaneelen bestückte Fläche von 5,5 m² benötigen, um den Energieverbrauch von nur einer Fahrtstunde von Sonnenauf- bis Sonnenuntergang nachzuladen.

Aus diesem Grund eignen sich Mehrrumpfboote wie Katermarane oder Trimarane deutlich besser für den Einsatz von Solarzellen, da die verfügbaren Flächen deutlich größer sind.

6.2.2 Windgenerator

Was für den Antrieb der Segelyacht gut ist, kann für die Stromerzeugung nicht schaden. Es gibt diverse Systeme, die sich für den Einsatz an Bord bewährt haben. Ihre Leistungsausbeute hängt von der Windgeschwindigkeit in einem quadratischen Verhältnis ab.

muss der Wind 18 Stunden mit 15 kn oder 7,6 Stunden mit 22 kn pusten. Für eine Segelyacht an der Küste kann dies durchaus interessant sein, wenn der Elektroantrieb nur zum Manövrieren verwendet wird und während der Fahrt nachgeladen wird.

Abbildung 6-15: Windgeneratoren benötigen eine kräftige Brise, um nennenswert Strom zu erzeugen. [Marlec]

Beispiel
Ein Rutland-1.200-Windgenerator mit einem Rotordurchmesser von 1,2 m erzeugt bei 15 kn Wind (jetzt wird das erste Reff fällig) ca. 120 W elektrische Leistung. Bei 22 kn Wind sind es bereits 290 W. Um aus dem oben genannten Beispiel 2,2 kW nachzuladen,

6.2.3 Rekuperation
In Elektrofahrzeugen an Land ist die *Rekuperation* elementarer Bestandteil des Mobilitätkonzepts. Hierbei wird die Bremsenergie nicht in Wärme, sondern in elektrische Energie zurückgewonnen. Fährt ein Auto bergab oder muss es im Stadtverkehr häufig abbremsen, kann bis zu 50 % des Energiebedarfs, um von A nach B zu kommen, zurückgewonnen werden.

Dies Modell ist in dieser Form nicht auf ein Boot übertragbar. Zum einen wird deutlich weniger gebremst und zum anderen brauchen wir Antriebsenergie selbst dann, wenn wir mit der Strömung fahren. So kann also nichts zurückgewonnen werden.

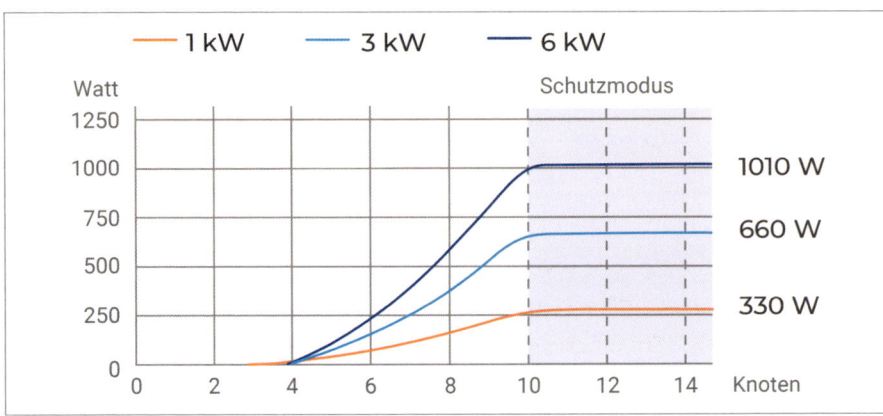

Abbildung 6-16: Die Ladeleistung in Abhängigkeit der Bootsgeschwindigkeit, die durch das Mitdrehen des Propellers erzeugt werden kann. [ePropulsion]

Die einzige Möglichkeit der Energierückgewinnung besteht dann, wenn das Boot durch eine andere Antriebsart bewegt wird, z. B. Wind. Grundsätzlich sind Segler bemüht, den Segeltrimm ständig zu optimieren, um die optimale Geschwindigkeit laufen zu können. Diese Skipper werden mit Sicherheit nicht begeistert sein, wenn sie durch einen drehenden Propeller abgebremst werden, um Strom zu erzeugen.

Viele Elektroantriebe für den Bordeinsatz bieten aber diese Funktion, sodass ein genauerer Blick auf das Verfahren nicht schaden kann. Das Prinzip liegt in der Natur des Elektromotors und ist relativ simpel: Da jeder Elektromotor auch als Generator funktionieren kann, wird in dieser Situation der Propeller durch die Fahrt des Schiffes angetrieben. Dieser dreht den Elektromotor und der erzeugt wiederum Strom, um die Batterie zu laden. Ein bisschen Elektronik ist noch erforderlich, um aus dem generierten Drehstrom wieder Gleichstrom zu machen. Die Rekuperationsfunktion ist z. B. in allen Evo-Modellen der Firma *ePropulsion* integriert.

Beispiel

Nehmen wir wieder meine Hurley und rüsten sie diesmal gedanklich mit einem 3-kW-Motor von *ePropulsion* aus. Die Rumpfgeschwindigkeit beträgt ca. 5 kn. Anhand der Leistungskurve kann man sehen, dass in diesem Fall 60 W generiert werden. Sollte ich es auf 6 kn schaffen, sind es bereits 130 W. Um aus dem oben genannten Beispiel 2,2 kW per Rekuperation nachzuladen, muss ich fast 37 Stunden mit 5 kn laufen oder 17 Stunden mit 6 kn.

Sollte ich eines Tages ein Boot haben, dass mit einer Geschwindigkeit von 10 kn laufen kann, wird der erforderliche Motor auch etwas größer sein. In diesem Fall nehme ich das 6-kW-Modell von *ePropulsion*. Hätte ich vorher noch 4,4 kW pro Stunde verbraucht, kann ich nun per Rekuperation mit gut 1 kW nachladen. Somit würde ich meine Fahrtstunde in weniger als 4 Stunden nachladen können.

Es wird deutlich, dass jede regenerative Energiegewinnung für sich betrachtet noch nicht wirklich überzeugt. In der Kombination kann aber ein interessanter Beitrag zum Laden der Antriebs- (und Bordbatterien) geleistet werden. Daher ist dies ein Ansatz für Blauwassersegler, die in absehbarer Zeit keinen Anschluss an die Landanschlusssteckdose bekommen und ausreichend Zeit haben, dass das Laden auch mal ein paar Tage dauern kann.

> ***Regenerative Energieerzeugung*** mit Solar, Wind und Rekuperation können zur autarken Ladung der Energiespeicher beitragen. Ihre Ladeleistung ist allerdings relativ gering, sodass mit langen Ladezeiten gerechnet werden muss.

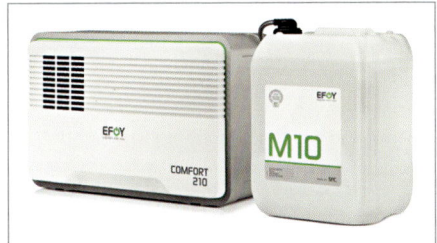

Abbildung 6-17: Methanol-Brennstoffzelle erzeugt nahezu geräuschlos, aber nicht CO_2-neutral Strom an Bord. [Efoy]

6.3 Brennstoffzelle

6.3.1 Methanol-Brennstoffzelle

Die Brennstoffzelle wurde mit den Herausforderungen in der Speicherung des Wasserstoffs bereits vorgestellt. Im Zusammenhang der Batterieladung kann eventuell ein weiteres Verfahren interessant sein: eine kompakte Brennstoffzelle auf Basis von Methanol. Die Firma *EFOY* bietet ein derartiges System für den Bordgebrauch an.

Beispiel
Der Methanolverbrauch der *EFOY*-Brennstoffzelle liegt bei ca. 0,9 l pro kWh. Zum Nachladen der oben erwähnten 2,2 kWh werden demnach knapp 2,5 l Methanol benötigt. Das Methanol kann in Patronen zu 5 l oder 10 l vom Hersteller bezogen werden. Mit einer 10-l-Patrone, die 8,4 kg wiegt, können immerhin fast 9 kWh elektrische Energie erzeugt werden.

Die maximale Leistung liegt je nach Modell zwischen 40 W und 120 W. Selbst das größte Modell arbeitet dann gut 18 Stunden, um eine Stunde Fahrtzeit nachzuladen. Dafür nahezu geräuschlos, aber nicht CO_2-neutral, denn als Reaktionsprodukt entstehen neben Strom Wärme, Wasser sowie CO_2.

6.3.2 Wasserstoff-Brennstoffzelle

Das Brennstoffzellenmodul von Toyota innerhalb des REXH2 entwickelt eine

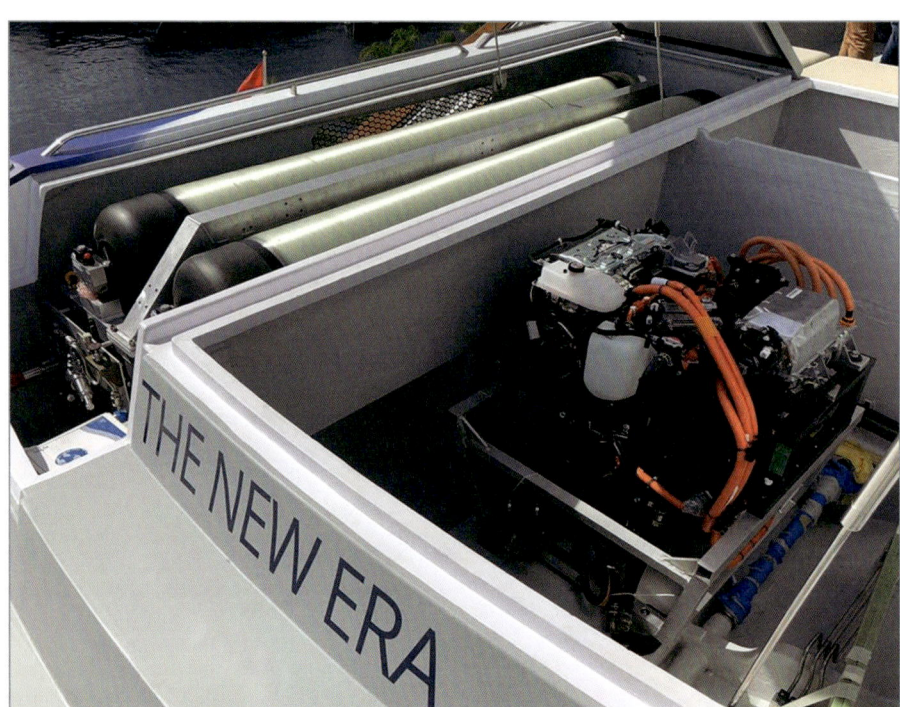

Abbildung 6-18: 60-kW-Brennstoffzellenmodul mit Wasserstofftanks im Hintergrund. [Toyota]

Abbildung 6-19: Wasserstoff wird mit bis zu 700 bar gelagert, sodass eine Variante der Austausch der Druckflaschen sein kann. [Hynova]

Netto-Nennleistung von 60 kW und basiert auf der Technologie des Toyota.

6.4 Generator

In der Berufsschifffahrt ist es seit vielen Jahren üblich, dass die Propeller über Elektromotoren angetrieben werden und der hierfür erforderliche Strom in Echtzeit über Generatoren erzeugt wird. Diese Antriebsart nennt sich Diesel-elektrisch.

Trotz aller guten Vorsätze, auf fossile Energieträger zu verzichten, kann man ja mal rein theoretisch betrachten, welchen Dienst ein Generator mit Verbrennungsmotor – natürlich nur für den Notfall – auch auf einem Boot leisten könnte.

Bis zu einer Leistung von 2 kVA kommen häufig tragbare Benzinstromer-

zeuger zum Einsatz. Durch ihre gekapselten Gehäuse machen die Geräte mit 80 bis 90 dB(A) nicht ganz so viel Krach wie Geräte aus dem Baumarkt. Da sie nicht für den Festeinbau geeignet sind, braucht man einen Platz an Deck oder an Land, damit das Gerät

Abbildung 6-20: Benzin-Inverter-Generator, um zur Not die Batterien unterwegs nachzuladen. [Honda]

zur Stromerzeugung vor sich hin knattern kann.

Beispiel

Als Beispiel dient ein kompaktes Kraftpaket von *Honda*, das EU22i-Stromaggregat. Es liefert eine Dauerleistung von 1,8 kW und verbraucht dafür 3,5 l Benzin pro Stunde.

Um unter Landanschluss schnell laden zu können, gehen wir davon aus, dass zwei Ladegeräte mit einer Ladeleistung von jeweils 650 W installiert wurden. Somit stehen in Summe 1,3 kW Ladeleistung zur Verfügung. Die erforderliche Eingangsleistung wird aufgrund des Wirkungsgrads mit 1,6 kW angenommen. Zusätzlich verfügt das Gerät noch über einen 12-V-8-A-Ladeausgang (100 W), mit dem parallel die Bordnetzbatterie geladen werden kann. Die Belastung passt perfekt zu dem kleinen Kraftpaket von Honda. In einer Stunde und 20 Minuten ist der Verbrauch meiner einstündigen Elektrofahrt nachgeladen. Hierfür verbraucht das Gerät ca. 5 l Benzin, also doppelt so viel, wie die Brennstoffzelle an Methanol haben wollte.

Ein *tragbarer Generator* kann als Versicherung durchaus nützlich sein, vorausgesetzt, man hat die richtige Ladeinfrastruktur an Bord. Darüber hinaus braucht man auch Benzin und hat im Betrieb den Lärm und die Abgase (alles das, was man ja eigentlich loswerden wollte).

7 Welche elektrischen Antriebe gibt es?

Elektrische Antriebssysteme für Boote bieten mehr Antriebsvarianten als Verbrennungsmotoren, da Elektromotoren sehr flexibel an die Gegebenheiten an Bord angepasst werden können. Ein Elektromotor ist grundsätzlich sehr kompakt und braucht nur einen Kabelanschluss, um in Aktion zu treten. Diese Eigenschaften beflügeln die Kreativität der Techniker und Tüftler, die unterschiedlichsten Antriebssysteme für Wasserfahrzeuge zu entwickeln.

Da der Bedarf an Elektroantrieben durch die lokalen Vorschriften auf den Binnenseen in Süddeutschland und Österreich seit Jahren besonders hoch ist, überrascht es nicht, dass sich diverse Spezialisten dort angesiedelt haben, die mittlerweile ganz groß im globalen Geschäft der elektrischen Bootsantriebe mitmischen (z. B. *Torqeedo* und *Kräuter*).

Die Anzahl der Hersteller und ihrer Modelle ändert sich fast täglich, sodass ich in diesem Buch keine umfassende Marktübersicht der verschiedenen Hersteller und Modelle geben kann. Deshalb verweise ich hier stellvertretend auf zwei sehr gute Webseiten, die fast tagesaktuell einen guten Überblick bieten: *www.plugboats.com* ist eine sehr gute englischsprachige Seite mit vielen technischen Detailinformationen, und *www.greenboatsolutions.de* bietet eine breite deutschsprachige Übersicht.

Bei den verschiedenen Antriebsarten kommen praktisch alle beschriebenen Motortypen zum Einsatz, sodass man bei der individuellen Auswahl deren technische Vor- und Nachteile gegeneinander abwägen sollte.

7.1 SUP mit Elektroantrieb

Man kann die berechtigte Frage stellen, ob ein Stand-Up-Paddle-Board (SUP) zu den Booten gezählt werden kann, aber es ist mit Sicherheit ein Wasserfahrzeug, das mittlerweile auch e-mobil wird. Das System besteht aus den gleichen Komponenten wie die großen Geschwister:

Unter dem SUP wird an den Halterungen für die Finne der 300-W-Elektromotor befestigt, dessen Propeller durch einen Korb geschützt ist. An Deck (wenn man das so nennen darf) wird die Lithium-Ionen-Batterie festgelascht, die eine Kapazität von ca. 0,3 kWh hat. Motor und Batterie haben gemeinsam ein Gewicht von ca. 4 kg. Die Steuerung erfolgt über eine Fernbedienung, wobei dem Skipper acht Geschwindigkeiten und eine Mensch-über-Bord-Funktion zur Verfügung stehen. Die maximale

Abbildung 7-1: Auch beim SUP ist die E-Mobilität auf dem Wasser angekommen. [ePropulsion]

Abbildung 7-2: Ein 300-W-Elektromotor unterstützt die Crew bis zu fünf Stunden. [ePropulsion]

Geschwindigkeit ist mit Paddelunterstützung mit 11 km/h angegeben, die immerhin für 70 Minuten zur Verfügung stehen soll. Bei halber Fahrt reicht die Batterie laut Hersteller sogar für fünf Stunden. Die Technik soll das Paddeln allerdings nicht ersetzen, sondern ähnlich wie bei einem E-Bike die Reichweite erhöhen und die Reise vielleicht ein wenig einfacher machen.

7.2 Außenbordmotor

Der Außenbordmotor ist die am meisten verbreitete, motorisierte Antriebsart sowohl bei Segel- als auch bei Motorbooten. Sein großer Vorteil ist die kompakte Bauform, welche Motor, Kraftübertragung, Getriebe und Propeller in einem Gehäuse vereint. Das Leistungsspektrum reicht von weniger als einem kW bis hin zu zu mehreren hundert kW, und die technischen Einrichtungen reichen vom einfachen Handstarter bis hin zu Elektrostarter, Lichtmaschine und Fernsteuerung.

Für die Montage an Bord reichen in der Regel zwei Klemmschrauben oder Bolzen. So können die Motoren z. B. für das Winterlager leicht abgebaut werden. Um zu vermeiden, dass Langfinger von diesem Vorteil profitieren, sind diverse mechanische und elektronische Diebstalsicherungen auf dem Markt verfügbar.

Je nach Größe des Motors hat dieser entweder einen integrierten Tank oder wird aus einem externen Tank mit Treibstoff versorgt.

Die Motoren können mit unterschiedlichen Schaftlängen bestellt werden. Diese gibt an, wie tief der Propeller unter Wasser sein wird. Er sollte sich mindestens 30 cm unterhalb der Wasseroberfläche befinden, bei Wind und Wetter sogar mindestens 50 cm.

Das Prinzip des Außenbordmotors wurde von vielen Herstellern auf Elektro-Außenborder übertragen. Dabei unterscheiden sich neue Modelle, die die Vorteile des Elektromotors vollumfänglich in die Konstruktion einfließen lassen, von auf Elektroantrieb modifizierten Verbrennungsmotoren.

Elektro-Außenbordmotoren gibt es von der Stange im Leistungsbereich von

Abbildung 7-3: Elektrischer Flautenschieber mit integriertem Akku. [ePropulsion]

0,5 kW bis zu 150 kW, die mit Spannungen zwischen 24 V und 360 V betrieben werden. Bis zu einer Leistung von ca. 1 kW werden die Motoren häufig mit integriertem Wechselakku sowie Bordcomputer ausgerüstet.

Im Gegensatz zum Verbrennungsmotor befindet sich der Elektromotor bei vielen Konstruktionen direkt auf der Propellernarbe. Dies hat den Vorteil, dass kein Getriebe und Antriebsstrang benötigt werden, was den Motor leichter, leiser und deutlich effizienter macht. Da der Motor vom Wasser umströmt wird, ist auch die Kühlung deutlich einfacher. Optisch sind diese Antriebe vielleicht etwas ungewohnt, da über Wasser nur wenige Teile sichtbar sind.

Anstatt komplett neue Antriebseinheiten zu entwickeln, haben sich einige Hersteller wie z. B. *Ripower* und *Aquawatt* auf die Umrüstung bewährter Verbrennungsmotoren spezialisiert. Die Basis bilden die Komponenten eines üblichen Außenbordmotors (z. B. von

Abbildung 7-4: Kleinere Elektro-Außenborder sind leicht zu handhaben. [ePropulsion]

Abbildung 7-5: Auf Elektro-Antrieb umgerüsteter Verbrennungsmotor. [Ripower]

Abbildung 7-6: Elektroaußenborder sorgen mit hohem Drehmoment und großer Leistung für viel Spaß auf dem Wasser. [Andrea Muscatello]

Yamaha), bei dem anstatt eines Verbrennungsmotors ein Elektromotor unter der Haube eingebaut wird. Das Gehäuse und die Antriebseinheit bleiben somit identisch, und man sieht auf dem ersten Blick nicht, dass es sich um einen Elektroantrieb handelt. Andere Komponenten, wie Schaltung oder Anschlüsse, können problemlos weiterverwendet werden. Da bei dieser Konstruktion das vorhandene Getriebe und der Antriebsstrang verwendet werden und sich der Motor über Wasser befindet, ist die Geräuschentwicklung höher als bei anderen Elektroantrieben, jedoch geringer als bei einem Betrieb mit einem Verbrennungsmotor.

> Bei einem **Außenbordmotor** sind alle Komponenten in einer kompakten Einheit vereint, die ans Boot angehängt und mit wenigen Handgriffen montiert wird.
> Elektrische Außenborder sind in einem breiten Leistungsspektrum verfügbar und deutlich leiser als die Modelle mit Verbrennungsmotor. Für mehr Leistung und Reichweite müssen externe Batterien verwendet werden.

7.3 Bugmotor

Ein Bugmotor ist eine besondere Form des Außenborders, der durch seinen Montageort das Boot zieht und nicht schiebt. Die Leistung ist sehr gering, und die Bedienung erfolgt häufig über eine Fernbedienung per Hand oder Fuß bzw. automatisch über GPS.

Die typische Anwendung sind kleinere Angelboote, bei der mit diesem Antrieb

Abbildung 7-7: Der Bugmotor ist kein Antriebsmotor, sondern ein Hilfsantrieb, um die aktuelle Position zu halten oder eine programmierte Strecke abzufahren. [Minn Kota]

automatisch eine Route abgefahren oder GPS-gestützt die aktuelle Position gehalten wird. Bei einigen Modellen kann der integrierte Sonargeber mit einem Echolot verbunden werden und das Absenken und Aufholen des Motors automatisch per Knopfdruck erfolgen.

7.4 Pod-Antrieb

Pod-Antriebe sind in der Berufsschifffahrt weit verbreitet und werden dort auch als Propellergondel bezeichnet. Im Gegensatz zum dortigen Einsatz sind die elektrischen Pod-Antriebe auf Booten häufig nicht drehbar montiert. Der Antrieb besteht aus einem kompakten und wasserdichten Gehäuse, in dem der Motor integriert ist. Der für den Vortrieb erforderliche Elektromotor ist als Bestandteil des Antriebs unmittelbar vor dem Propeller unter Wasser montiert.

Diese Konstruktion ist prädestiniert für den Einsatz auf Booten. Die Antriebseinheit wird einfach unter den Schiffsboden geschraubt, und es ist nur eine kleine Rumpfdurchführung für das Anschlusskabel erforderlich. Da keine beweglichen Teile durch den Rumpf geführt werden, ist die zuverlässige Abdichtung der Durchbrüche relativ unkompliziert. Dieser Antrieb benötigt nur sehr wenig Platz im Schiffsinneren, da der Motor komplett im Podgehäuse untergebracht ist und keine Motorkomponenten ins Innere des Schiffes ragen. Die Kühlung des Motors ist sehr einfach, da die Abwärme durch das Wasser, das den Antrieb umströmt, abgeführt wird. Der Antrieb eignet sich sehr gut für den Neubau und ist optimal für die Nachrüstung geeignet.

Bei der Gewichtsverteilung hat der Pod-Antrieb den Vorteil, dass der Schwerpunkt des Bootes durch die tiefe Montage des schweren Elektromotors tief gehalten wird, was besonders bei Segelbooten von Vorteil sein kann.
Ein Nachteil ist der größere Strömungswiderstand, da sich der gesamte Motor unter Wasser befindet. Durch den Einsatz eines Faltpropellers kann dieser reduziert werden, doch das Motorgehäuse wird trotzdem etwas bremsen.

Elektrische Pod-Motoren sind von diversen Herstellern mit einer Leistung von 1 kW bis über 100 kW am Markt verfügbar. Je nach Modell sind diese getriebe- und somit fast geräuschlos oder verfügen für die Erhöhung des Drehmoments über ein Planetengetriebe.

> Ein **Pod-Antrieb** wird als Gondel unter dem Boot befestigt und besteht aus Motor, evtl. Getriebe, Propellerwelle und Propeller. Er ist eine ideale Antriebsart für Elektroantriebe, da der Motor in der Einheit verbaut ist und direkt vom vorbeifließenden Wasser gekühlt wird. Da keine drehenden Wellen durch den Rumpf geführt werden, ist die Montage relativ einfach und platzsparend. Der einzige Nachteil ist der etwas größere Strömungswiderstand.

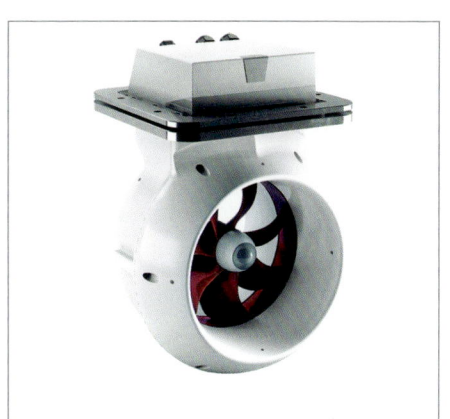

Abbildung 7-8: E-Pod-Unterwasserantrieb mit einer Aufnahmeleistung von gut 10 kW, was einem 20-PS-Verbrenner entsprechen soll. [Vetus]

Abbildung 7-9: E-Pod-Motor, der auch am Heck als Unterflurmotor drehbar gelagert werden kann. [E-Tech]

7.5 Innenbordmotor

Innenbordmotoren zeichnen sich dadurch aus, dass der Motor irgendwo im Schiffsinneren eingebaut wird. Die erforderlichen Komponenten wie Motor, Antriebseinheit, Kühlung, Brennstoffversorgung, Steuerung etc. werden an die Gegebenheiten an Bord angepasst und dort zu seinem funktionierenden System zusammengebaut.

Um die Leistung in Schub zu verwandeln, gibt es unterschiedliche Antriebssysteme.

7.5.1 Saildrive

Wie der Name bereits vermuten lässt, wird der Saildrive in der Regel auf Segelbooten eingesetzt. Das Pendant auf schnellen Motorbooten ist mit dem Z-Antrieb vergleichbar.

Abbildung 7-10: Saildrive mit Torqeedo-Elektromotor und ZF-Antriebseinheit mit Faltpropeller. [Torqeedo]

Bei beiden Systemen sind Motor und Antrieb über eine Gelenkverbindung miteinander gekoppelt. Der Motor befindet sich im Bootsinneren, der Antrieb beim Saildrive unterhalb des Rumpfes, beim Z-Antrieb an der Spiegelplatte.

Bei einem Saildrive ragen nur die Antriebseinheit und der Propeller aus dem Rumpf heraus, sodass der Strömungswiderstand geringer als bei einem Pod-Antrieb ist. Der Motor befindet sich im Schiff und muss separat gekühlt werden. Dies benötigt Platz und macht die Installation komplexer. Dafür ist der Motor einfacher zugänglich. Die Geräuschentwicklung ist höher als bei einem elektrischen Pod-Antrieb, aber deutlich geringer als bei einem Verbrennungsmotor.

Die Rumpfdurchführung ist komplexer, da eine drehende Welle durch den Rumpf geführt werden muss. Bei Kunststoffbooten wird der Sockel am Bootsrumpf anlaminiert. Wird ein Verbrennungssystem durch einen elektrischen Saildrive ersetzt, können der vorhandene Sockel sowie das Motorfundament oft weiterverwendet werden. Hierfür gibt es Adapterplatten, z. B. für *Volvo-Penta-*, *Yanmar-*, *Yamaha-* oder *Bukh*-Fundamente.

Saildrives können starr, aber auch mechanisch oder elektrisch drehbar installiert werden und können somit auf Motorfahrzeugen eine herkömmliche Ruderanlage ersetzen.

> Bei einem ***Saildrive*** befindet sich der Motor im Inneren des Boots. Seine Kraft wird über ein Getriebe umgelenkt und treibt den Propeller an, der unter dem Boot montiert wird. Dieser Antrieb wird häufig in Segelbooten verwendet, sodass bestehende Saildrives auf Elektroantrieb umgerüstet werden können. Im Betrieb entstehen mehr Geräusche als bei einem Pod-Antrieb, und der Motor muss ggf. gekühlt werden. Der Strömungswiderstand am Unterwasserschiff ist geringer, was beim Segeln von Vorteil sein kann.

7.5.2 Wellenantrieb

Eine klassische Antriebsform für Boote ist die Wellenanlage. Man findet sie in der Motorbootwelt bei schnellen Gleitern, gemütlichen Verdrängern und großen Schiffen, aber auch auf diversen Segelbooten von klein bis groß.

Der Propeller, der den Schub erzeugen soll, wird durch eine starre Welle angetrieben. Da sich der Motor im Bootsinneren befindet, muss die drehbare Welle durch den Rumpf geführt werden. Diese Durchführung nennt sich Stevenrohr, die entsprechend abgedichtet und geschmiert werden muss. Zur Schmierung kommen entweder Fett oder Wasser zum Einsatz. Es ist verständlich, dass diese Konstruktion einem gewissen Verschleiß unterworfen ist.

Im Bootsinneren muss die Welle auf ihrem Weg zum Motor gelagert werden. Da der Propeller Schub verursacht, der letztendlich auch auf den Motor wirkt, müssen diese Kräfte durch ein sogenanntes Drucklager aufgefangen werden. Um kleine Unstimmigkeiten in der Flucht zwischen Welle und Motor sowie Motorvibrationen auszugleichen, kommt bei Verbrennungsmotoren häufig noch ein Kardangelenk oder eine Gummikupplung zum Einsatz.

Auf Booten mit Wellenanlagen lässt sich der vorhandene Verbrennungsmotor grundsätzlich relativ leicht durch einen Elektroantrieb ersetzen. Da der Elektromotor kleiner sein wird, sollte es genügend Platz für den Einbau geben. Das vorhandene Getriebe wird eigentlich nicht mehr benötigt, da die Drehrichtung des Elektromotors einfach umgekehrt werden kann. Häufig ist das Getriebe ein Untersetzungsgetriebe, sodass die Wellendrehzahl geringer als die Motordrehzahl ist. Bei der Umrüstung muss geprüft werden, ob die Welle direkt mit der Drehzahl des Elektromotors beaufschlagt werden kann und ob diese das Drehmoment des neuen Motors verkraftet. Mit Sicherheit muss der Propeller an den neuen Motor angepasst werden.

Antriebsanlagen mit **Wellenantrieb** sind bei Motor- und Segelbooten weit verbreitet. Der Propeller wird durch eine Welle angetrieben, die durch ein Rohr ins Innere des Boots geführt wird. Elektromotoren benötigen im Gegensatz zu Verbrennern kein Getriebe, um die Drehrichtung zu ändern. Eine Umrüstung von Verbrenner- auf Elektroantrieb ist relativ einfach möglich. Für den Elektromotor muss ein Drucklager vorgesehen werden.

Abbildung 7-11: Wellenanlage mit luftgekühltem Drehstrommotor. [Aquawatt]

7.5.3 Hybridantrieb

Der Hybridantrieb ist eine besondere Form des Wellenantriebs. Hier wird der Verbrennungsmotor nicht durch einen Elektromotor ersetzt, sondern beide Antriebe ergänzen sich gegenseitig. In der technischen Umsetzung treibt der Verbrennungsmotor über eine starre Welle den Propeller an. Zusätzlich kann auf diese Welle über eine Kupplung ein Elektroantrieb zu- oder abgeschaltet werden, der die Welle über einen Zahnriemen antreiben kann.

Diese Antriebsform ist bei Elektroautos weit verbreitet und kann auch an Bord besonders im professionellen Einsatz Sinn ergeben. In einem Arbeitsboot kann z. B. der Verbrennungsmotor kleiner ausgelegt werden, da über das Zuschalten des Elektromotors Leistungsreserven und besonders Drehmoment abgerufen werden können. Für eine gewisse Zeit kann der Elektromotor den Antrieb vollständig übernehmen. Sollte die Reichweite nicht ausreichen, kann der Dieselmotor unterstützen.

Somit wird vermieden, dass der Dieselmotor im unwirtschaftlichen Bereich bei geringen Drehzahlen betrieben wird. Trotzdem hat er die Leistungs- und Reichweitenreserven für größere Strecken.

Im Freizeitbereich sehe ich den Nutzen dieser Antriebsform insbesondere bei größeren Verdrängerbooten. Die Leistung des Elektroantriebs reicht aus, um geräuschlos durch die Kanäle zu schippern. Die erforderliche Speicherkapazität kann vom Platz und Gewicht gut mitgenommen werden und kann sich für die umfangreiche Komfort-Ausrüstung an Bord als durchaus nützlich erweisen. Möchte man dagegen auf einem Gewässer gegen den Strom andampfen, erfüllt der Diesel seinen Dienst mit den Leistungsreserven des Elektromotors.

> Ein **Hybridantrieb** besteht aus einer Kombination von Verbrennungs- und Elektromotor, die beide den selben Propeller antreiben. Der Elektromotor kann zur Erhöhung der Leistung und des Drehmoments beitragen und der Verbrennungsmotor die Reichweite erhöhen. Für Reviere mit Einschränkungen für Verbrennungsmotoren kann mit eingeschränkter Geschwindigkeit und Reichweite rein elektrisch gefahren werden.

Abbildung 7-12: 10-kW-Parallel-Hybrid-Antrieb eines Arbeitsboots mit Yammar-Diesel und Elektroantrieb auf der gleichen Welle. [Fischer Panda]

8 Welcher Antrieb passt zu mir?

Es gibt unterschiedliche Motivationen, sich für einen klassischen Verbrennungsmotor oder für einen Elektroantrieb zu entscheiden. In manchen Revieren wird einem die Entscheidung vereinfacht, da es zunehmend Einschränkungen für Boote mit Verbrenner gibt. So gibt es beispielsweise am Starnberger See gerade einmal 255 private Motorbootlizenzen. Die Wartezeit für so eine Lizenz beträgt weit mehr als zehn Jahre. Für Elektroboote gelten diese Beschränkungen nicht. In diversen Städten wie Amsterdam, Venedig oder Paris darf man in Zukunft nur noch elektrisch unterwegs sein.

Fahre ich gern schnelle Motorboote und möchte die Kraft der Antriebe spüren, werde ich mit entsprechend ausgelegten elektrischen Antrieben nicht enttäuscht. Im Gegenteil: Durch das höhere Drehmoment der E-Motoren ist die Beschleunigung deutlich kräftiger und der Spaß garantiert.

Für ein Segelboot sollte der Motor fast nur für kurze Hafenmanöver verwendet werden, doch viele Segler sind mittlerweile eingefleischte Motorbootfahrer. Das Segeln will wieder gelernt und entdeckt werden, und unter Segeln ist die kürzeste Verbindung von A nach B häufig nicht erreichbar, sondern erfordert diverse Kreuzschläge.

Möchte ich aus finanzieller Sicht auf den E-Antrieb umsteigen, werde ich schnell enttäuscht werden. Die Initialinvestition ist spürbar größer, und es braucht schon etwas Idealismus, um einen tragfähigen Business-Case über den gesamten Lebenszyklus zu errechnen.

Es gibt Wassersportler, die sogar die Vorteile für die Umwelt aufgrund des großen ökologischen Fußabdrucks der Lithium-Ionen-Batterien bezweifeln.

Als unschlagbare Argumente bleiben die Zuverlässigkeit der elektrischen Systeme, der Komfortgewinn durch den leisen Betrieb und das Fehlen von Emissionen an Bord.

8.1 Vergleich Verbrenner versus Elektroantrieb

Auch wenn die Effizienz von Verbrennungsmotoren mit ca. 30 % deutlich schlechter ist als bei Elektromotoren, die über 95 % erreichen können, ist die **Energiedichte** von flüssigem Benzin oder Diesel um Faktor 50 größer als bei Lithium-Ionen-Batterien. Die **Reichweite**, die pro kg Energiespeicher erreicht werden kann, ist bei den flüssigen Treibstoffen (noch) unschlagbar. Während man bei einem Elektroantrieb präzise planen muss, wie, wo und wie lange die Batterien wieder geladen werden können, ist der motorisierte Skipper beim Betrieb mit flüssigem Brennstoff deutlich flexibler. Das Bunkern des Treibstoffs kann dafür etwas schwieriger werden, da die Tankstellen am Wasser noch seltener als die Steckdosen sind.
Dieser Punkt geht also an den Verbrenner.

Abbildung 8-1: Ein Verbrennungsmotor braucht viel Platz und eine umfangreiche Infrastruktur. [Corlaffra/Shutterstock.com]

Betrachtet man nur das **Gewicht** des Motors, sind Elektromotoren deutlich kompakter und leichter als ihre verbrennenden Verwandten. Der beliebte Bootsdiesel D1-30 von *Volvo Penta* wiegt mit Wendegetriebe stolze 144 kg, während sein elektrisches Pendant von *Vetus* inkl. angebautem Inverter nur 70 kg auf die Waage bringt. Dies schafft Platz in der Bilge oder im Motorraum – wären da nicht die Batterien. Diese werden mehr Platz benötigen als die Brennstofftanks und häufig auch mehr wiegen, selbst wenn die Tanks gefüllt sind. Ein Trost ist, dass die Installation deutlich flexibler ist, da sie gut räumlich getrennt vom Motor installiert werden können und so an einem Platz mit optimalem Schwerpunkt montiert werden. Im Gegensatz zum Tank sind sie vollständig geschlossen und verfügen über keine bewegliche Masse. Auch wenn sie je nach Ausführung Wärme abgeben werden, erzeugen sie keine unangenehmen Dämpfe und brauchen keine Entlüftung an Deck.

Die **Installation** eines Verbrennungsmotors ist deutlich komplexer. Neben dem eigentlichen Motor, der größer und

schwerer ist, sind diverse weitere Systeme erforderlich. Der flüssige Brennstoff muss gelagert, die Tanks wollen entlüftet, und der Sprit muss mehrfach gefiltert werden. Beim Rollen und Stampfen des Bootes kann sich die Bewegung der Flüssigkeit ungünstig auswirken und die Schlingerbewegungen verstärken. In dieser Situation werden Ablagerungen im Tank durcheinandergewirbelt und sorgen für ein frühzeitiges Verstopfen der Brennstofffilter. Umschaltbare Filtersysteme sind dringend empfohlen, kosten aber extra.

Der Verbrennungsmotor muss mit ausreichend gefilterter Luft versorgt werden, dessen Sauerstoff er für den Betrieb benötigt. Den Rest der Luft spuckt er mit den Verbrennungsrückständen als hochtemperierte Abgase wieder aus, die an die Umwelt abgegeben werden.

Verbrennung erzeugt Wärme, und die muss der Motor loswerden. Diese thermische Energie wird an Bord häufig über Wasserkühlung abgeführt, die entsprechend große Kühlflächen und Wassermengen benötigt. Besonders die Wasserfilter sind wartungsintensiv. Sollte man vergessen, das Seeventil

Abbildung 8-2: Die Installation eines Elektromotors ist überschaubar. [Phuketian.S/Shutterstock.com]

zu öffnen, kann dieses in wenigen Sekunden zum Totalausfall des Systems führen.

Auch Elektromotoren erzeugen Abwärme, die jedoch deutlich geringer ist. Bei vielen Systemen reicht eine Luftkühlung aus, und wassergekühlte Systeme können deutlich kleiner ausfallen. Dies kann ein Nachteil werden, wenn die Abwärme des Motors zum Heizen des Bootes verwendet wird. Ein Wärmetauscher an einem Verbrennungsmotor bringt wohlige Wärme für das gesamte Schiff in der Übergangszeit praktisch als Abfallprodukt. Die Abwärme der Elektroantriebe wird hierfür nicht ausreichen und erfordert entweder eine elektrisch betriebene Heizung, die zusätzlich die Reichweite reduziert, oder eine Diesel-Standheizung.

Wie die diversen Beispiele in diesem Buch gezeigt haben, ist die Installation der elektrischen Antriebssysteme deutlich überschaubarer und benötigt weniger Platz. Wird die Abwärme nicht zum Heizen verwendet, punktet der Elektroantrieb in dieser Disziplin.

Da der Verbrenner nur in eine Richtung drehen kann, benötigt er ein **Getriebe**, um die Drehrichtung zu ändern und ein größeres Drehmoment auf die Welle zu bringen. Das Getriebe verursacht Investitions- und Wartungskosten und bringt zusätzliches Gewicht in die Bilge. Diese Nachteile hat der Elektromotor grundsätzlich nicht, da er in beide Richtungen dreht und sein Drehmoment direkt auf die Welle bringen kann.

Der **Wartungsaufwand** für einen Verbrennungsmotor ist vergleichsweise groß. Auch wenn nur wenige Betriebs-

stunden in einer Saison zusammenkommen, braucht er jährlich frisches Öl, die Filter müssen regelmäßig gewechselt, die mechanischen Bedieneinrichtungen müssen eingestellt und geschmiert, Ventile wollen periodisch eingestellt werden, und die Starterbatterie hat eine kurze Lebensdauer. Wird die Wartung vernachlässigt, sinken Zuverlässigkeit und Lebensdauer erheblich.

Vergleicht man dies mit dem Pflegeaufwand eines E-Antriebs, ist dieser vernachlässigbar. Ein Drehstrommotor und sein Inverter sind praktisch wartungsfrei, und deren Lebensdauer übersteigt die des gesamten Boots. Die Lebensdauer der Batterien ist endlich, im Betrieb sind diese bis auf die korrekte Ladung aber zumindest wartungsfrei. Wurde das E-System korrekt installiert, funktioniert es zuverlässig auf Knopfdruck.

Ab einer Drehzahl von ca. 1.000 U/min produziert die **Lichtmaschine** des Verbrennungsmotors Strom. Selbst kleine Außenbordmotoren sind mittlerweile mit Lichtspulen ausgerüstet, um zwischen 6 A und 12 A Ladestrom zu liefern. Somit werden die Batterien für den Bordgebrauch während der Fahrt geladen. Natürlich muss diese Energie auch vom Motor erbracht werden, schlägt sich aber nicht wesentlich auf den Brennstoffverbrauch nieder. Beim Elektroantrieb gibt es diese Möglichkeit nicht. Die Bordbatterien können zwar über einen Spannungswandler aus der Antriebsbatterie geräuschlos geladen werden. Diese Energie reduziert aber die Reichweite, die dann noch unter Strom erreicht werden kann. Nur unter Segeln mit einer Geschwindigkeit von mehr als 5 kn kann über Rekuperation wirklich Energie gewonnen werden, die auch zum Laden der Bordbatterien verwendet werden kann. Der Dieseltank lässt sich so nicht automatisch füllen.

Für den **Betrieb** muss der Verbrennungsmotor zuerst erfolgreich gestartet werden. Dies erfolgt beim kleinen Außenborder per Handstarter oder sonst per Elektrostarter. Da je nach Motor dieser Vorgang nicht im ersten Anlauf funktioniert, hat der Skipper regelmäßig Schweißperlen auf der Stirn – sei es vom verzweifelten Handstartversuch oder aufgrund der immer näherkommenden Pier. Läuft der Motor endlich, brummt und qualmt er auch im Leerlauf vor sich hin. Sein optimales Drehmoment bringt er erst bei entsprechender Drehzahl auf die Welle, sodass sein Wirkungsgrad bei geringen Drehzahlen (noch) schlechter wird. Die Betriebslautstärke und die Vibrationen steigen mit der Drehzahl deutlich an. Neben der Geräuschentwicklung ist die Abgasentwicklung nicht vermeidbar. Die Abgase werden bei vielen Konstruktionen zusammen mit dem Kühlwasser sowie allen sichtbaren und unsichtbaren Verbrennungsrückständen direkt außenbords geleitet. Da Bootsmotoren den Innovationszyklen auf der Straße hinterherhinken, sind moderne Abgasreinigungssysteme und Katalysatoren an Bord Mangelware.

In dieser Kategorie spielt der Elektroantrieb seine Vorteile aus: Er funktioniert auf Knopfdruck und dreht sich nur, wenn auch der Propeller dreht. Er hat bei geringen Drehzahlen bereits sein maximales Drehmoment, wodurch das Manövrieren vereinfacht wird. Diesen Dienst verrichtet er fast geräuschlos und ohne irgendwelche Abgase. Es wird nichts in die Luft oder das Wasser eingeleitet.

Im direkten *Vergleich* zwischen Verbrennungs- und Elektromotor, weist der Elektromotor viele Vorteile auf: geringerer Wartungsaufwand, kompakte Bauweise, kein Getriebe erforderlich, einfache Installation, keine Abgase.
Dagegen ist die Energiedichte von Kraftstoff deutlich größer, sodass die Reichweite mit einem Verbrennungsmotor größer ist. Zudem ist für den E-Antrieb große, schwere und teure Batteriekapazität erforderlich.
Die Abwärme vom Verbrennungsmotor kann zum Heizen des Bootes verwendet werden, was beim Elektroantrieb durch die geringeren Verluste nicht sinnvoll möglich ist.

8.2 Dimensionierung

Unabhängig davon, ob man mit einem Verbrennungs- oder Elektroantrieb unterwegs ist, sollte die Antriebsanlage zum Bootstyp und zum vorgesehenen Einsatzgebiet passen. Während beim Verbrennungsmotor die mitgeführte Treibstoffmenge nicht ganz so kritisch ist, muss beim Elektroantrieb die Bestimmung der notwendigen Batteriekapazität akkurat durchgeführt werden.

8.2.1 Motordimensionierung

Die Investitionskosten eines 20-PS- unterscheiden sich kaum von dem eines 30-PS-Verbrennungsmotor, sodass

Abbildung 8-3: Viel Leistung hilft bei einem Verdränger nicht unbedingt viel, sondern erzeugt nur mehr Wellen. [Vanesa Garcia/Shutterstock.com]

viele Skipper gleich den 30-PS-Motor wählen. Bei elektrischen Antriebssystemen ist die Situation etwas anders, da jedes kW an zusätzlicher Leistung zu Mehrkosten – insbesondere der Energiespeicher – führt. Da die Energiespeicher den Flaschenhals bilden, sollte die Nutzung ehrlich hinterfragt werden: Ist es notwendig, 1 kn schneller voranzukommen, wenn ich dafür 50 % mehr Strom verbrauche?

Für die Dimensionierung des Antriebssystems müssen der Einsatzbereich des Bootes und alle Komponenten des Systems betrachtet werden.

Die Rumpfform (Verdränger, Halbgleiter, Gleiter) gibt an, ob das Boot mehr als die Rumpfgeschwindigkeit laufen kann oder nicht.
Die Rumpfgeschwindigkeit ist im Wesentlichen von der Länge des Bootes abgängig. Darüber hinaus beeinflusst das Gewicht des Boots, die Oberflächenbeschaffenheit des Rumpfs sowie

Störgrößen wie Wind, Strömung und Lastmoment (z. B. bei einem Fischer oder Wasserskifahrer) die Antriebsanlage.

Der Propeller, der das Drehmoment des Motors in Schub umwandelt, hat einen wesentlichen Einfluss auf die Wahl des erforderlichen Antriebs. Er muss zum individuellen Boot passen, denn sein Wirkungsgrad bestimmt, wie viel Leistung in Vortrieb und wie viel in Verluste umgesetzt wird. Die richtige Propellerwahl ist entscheidend für die Manövrierbarkeit und die Maximalgeschwindigkeit der Yacht. Der Propeller kann an einem Boot einen Wirkungsgrad von 65 % haben, an einem anderen aber nur noch 40 %. Wenn alle nötigen Boots- und Antriebsdaten bekannt sind, sollte ein Fachmann daraus den optimalen Propeller berechnen. Also Augen auf bei der Propellerwahl!

In Abhängigkeit der Propeller-Dimensionierung wird bestimmt, ob dieser direkt vom Motor angetrieben werden kann oder ob ein Untersetzungsgetriebe erforderlich ist. Grundsätzlich ist es für die Effizienz eines Elektroantriebs vorteilhaft, wenn er ohne Getriebe auskommen kann.

Für die Bestimmung der erforderlichen Motorleistung haben sich bestimmte Daumenwerte in der Praxis bewährt: Bei *Verdrängern* sollte die Wellenleistung in kW etwa 1/4-mal der Verdrängung in Tonnen mal Wasserlinienlänge in Meter betragen.

$$P_M = 0.25 \times m_B \times l_W$$

P_M = Motorwellenleistung in [kW]

m_B = Bootsgewicht in [t]

l_W = Wasserlinienlänge in [m]

Beispiel
Meine Hurley 700 hat eine Wasserlinienlänge von ca. 6 m und wiegt 2,4 t. Die empfohlene Motorleistung ist dann 3,6 kW (4,8 PS). Mit meinem jetzigen 6-PS-Außenborder bin ich also grundsätzlich gut ausgerüstet.

Der Elektromaschinenhersteller *Kräutler* schlägt für die Dimensionierung folgende Faustregeln vor: »Wir empfehlen generell 1 kW pro Tonne Gewicht als Hilfsmotor für Segelboote in Binnenrevieren und die doppelte Motorleistung für Segelboote an der Küste. Bei Motorbooten sollte man mit stärkeren Motoren arbeiten, nämlich mit 2,5 kW pro Tonne für Süßwasser bzw. 5 kW pro Tonne für Salzwasser.«

Bei Gleitern ist die erforderliche Leistung deutlich größer. Durch die Rumpfform, die einen dynamischen Auftrieb erzeugt, steigt der Wellenwiderstand ab ca. 120 % der Rumpfgeschwindigkeit nicht mehr so stark kann, sodass ein weiteres Beschleunigen überhaupt erst möglich ist. Doch der Übergang zur Gleitfahrt findet erst bei ca. dem 2,8-fachen der Rumpfgeschwindigkeit statt. Ob dieser Punkt überhaupt erreicht werden kann, wird wesentlich vom Bootsgewicht und der Motorleistung

Abbildung 8-4: Mit einem Elektromotor macht die Gleitfahrt mindestens doppelt so viel Spaß. Zudem ist er schnell und leise. [Torqeedo]

beeinflusst. Als erster Daumenwert sollte ein Gleiter pro 10 kg Bootsgewicht über ca. 1 PS (0,74 kW) Motorleistung bei Ausrüstung mit einem Verbrennungsmotor verfügen.

Da ein Elektromotor sein optimales Drehmoment bei niedrigen und mittleren Drehzahlen erreicht, kann ein 10-kW-Motor nach Angaben der Hersteller 50 bis 100 Prozent effektiver sein als ein 10-kW-Verbrennungsmotor, insbesondere wenn er mit dem richtigen Propeller kombiniert wird. Deshalb geben viele Hersteller von Elektroantrieben die Leistung auf Basis einer vergleichbaren Vortriebsleistung an: So entspricht z. B. ein 2 kW starker *Torqeedo Cruise 2.0* einem 5-PS-Benzinaußenbordmotor.

Beispiel
Ein 6-m-Gleiter, der eine Tonne wiegt, sollte mit 100 PS (Verbrenner) oder 50 kW (elektrisch) ausgerüstet werden.

> Die **Dimensionierung** eines Elektroantriebs muss gut zum Boot passen, da man durch die geringere Energiedichte eine möglichst hohe Effizienz des Systems benötigt. Besonders der Propeller muss zum Boot und zum Antriebsmotor passen.
> Zur Abschätzung der erforderlichen Antriebsleistung gibt es vereinfachte Daumenwerte:
> - Segelboote: 1 kW pro Tonne Gewicht als Hilfsmotor in Binnenrevieren und die doppelte Motorleistung an der Küste.
> - Motorboote (Verdränger): 2,5 kW pro Tonne im Binnenrevieren bzw. 5 kW pro Tonne an der Küste.
> - Motorboote (Gleiter): 50 kW pro Tonne.

8.2.2 Batteriedimensionierung

Wie in den Grundlagen erklärt, entspricht die Wellenleistung des Motors nicht der Leistung, die die Batterien zur Verfügung stellen müssen. Der Motor und der Inverter wollen für ihren Dienst belohnt werden und brauchen hierfür elektrische Leistung, die für den Vortrieb nicht zur Verfügung steht. Für die Berechnung der Batteriekapazität ist also die *Leistungsaufnahme* die richtige und wichtige Kenngröße. Da man nicht ständig mit Vollgas fährt, kann man für die durchschnittliche Leistung 50 % der maximalen annehmen, in einigen Berechnungen wird sogar von 33 % ausgegangen.

Die durchschnittliche Leistungsaufnahme multipliziert man mit der Anzahl der Fahrtstunden, die man autark unterwegs sein möchte, und erhält so die gewünschte Kapazität in kWh. Legt man Lithium-Ionen-Batterien zugrunde, kann man von einer nutzbaren Kapazität von 90 % ausgehen. Zusätzlich sollte man einen Sicherheitsfaktor von 10 % spendieren.

Beispiel
Für meine Hurley 700 wähle ich einen 4-kW-Elektromotor, da ich auch mal in Küstengewässern bei Wind und Wellen unterwegs sein möchte. Im normalen Betrieb werde ich durchschnittlich nur 1/3 der Leistung benötigen, also 1,4 kWh pro Stunde. Ich rechne mit drei Stunden Marschfahrt, was 4,2 kWh ergeben. Dividiert durch 0,9 ergibt sich die erforderliche Kapazität von knapp 4,6 kWh. Auf dieses Ergebnis noch einen Sicherheitsfaktor von 10 % hinzu gerechnet (noch einmal durch 0,9 divi-

diert) ergibt eine Wunsch-Kapazität von 5,2 kWh. Diese wird z. B. von einer *Torqeedo* Lithium Batterie Power 48-5000 geliefert.

8.3 Investitions- und Betriebskosten

Zum Vergleich der Investitions- und Betriebskosten muss man unterscheiden, ob es sich um einen Neubau oder eine Umrüstung handelt und ob ein Innenborder oder ein Außenborder zum Einsatz kommen soll.

Ein Innenborder im Neubau verursacht neben dem eigentlichen Motor diverse Kosten für Getriebe, Brennstofftank und Filteranlage, Kühlreislauf, Be- und Entlüftung, Abgasanlage, mechanische und elektrische Installation sowie

Abbildung 8-5: Bei der Ermittlung der Kosten ist es wichtig, sowohl die Grundinvestition als auch die Betriebskosten zu betrachten. [wutzkohphoto/Shutterstock.com]

Schallisolierung. Viele dieser Einrichtungen sind für einen Elektroantrieb nicht oder nur reduziert erforderlich.

Bei der Umrüstung oder dem Austausch können diese Abzüge nicht geltend gemacht werden.

Beispiel 35-Fuß-Yacht
Ein neuer 30-PS-Einbaudiesel (z. B. *Volvo Penta D1 30*) kostet mit Wendegetriebe ca. 10.000 €. Ein vergleichbarer Elektromotor hat ca. 10 kW Leistung und kann für 7.000 € erstanden werden. Der Verbrenner benötigt ggf. noch eine neue Flexkupplung und neue Wellenlager für rund 1.000 €. Die Montage und die Umbauten machen in diesem Beispiel noch einmal 2.000 € aus. Für den Elektromotor benötigt man einen neuen Propeller, ein passendes Drucklager bei Wellenantrieb sowie eine neue Bedien- und Überwachungseinrichtung. Dafür kommen schnell 4.000 € zusammen. Auch hier rechne ich zusätzlich mit Montagekosten von 2.000 €. Für den Betrieb bei sechs Stunden Marschfahrt wird eine Batterie-Kapazität von 40 kWh benötigt. Diese kosten 20.000 €.

Die Grundinvestition beträgt beim Dieselmotor 13.000 € im Vergleich zu 33.000 € bei der Umrüstung auf Elektroantrieb.

Im laufenden Betrieb werden in diesem Beispiel die Motoren jeweils 100 Stunden pro Saison laufen. Der 30-PS-Diesel schluckt maximal 6,6 l/h. Als Durchschnitt gehe ich von 4 l/h aus. Daraus ergeben sich Kraftstoffkosten von 800 € pro Jahr. Für Wartung und Re-

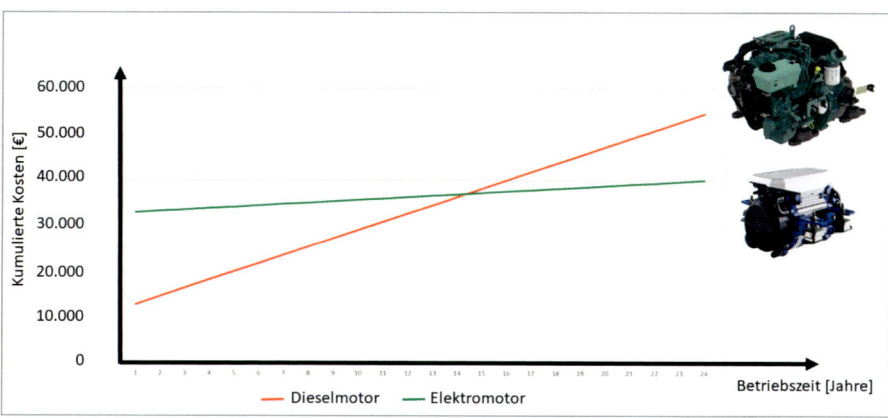

Abbildung 8-6: Entwicklung der kumulierten Kosten über die Betriebszeit eines Innenborders. [Jens Feddern]

paraturen rechne ich im Durchschnitt 1.000 € pro Jahr. Am Anfang werden dieses Kosten geringer sein, doch mit zunehmendem Alter werden besonders die Reparaturen kostspieliger. Die jährlichen Betriebskosten des Diesels belaufen sich also auf 1.800 €.

Läuft der Elektromotor 100 Stunden, benötigt er ca. 600 kWh an Strom pro Saison. Diese kosten ca. 200 €. Wenn man Glück hat, sind sie im Liegeplatzpreis bereits enthalten.

Wartungskosten fallen praktisch kaum an: Ich rechne mit durchschnittlich 100 € pro Jahr. Damit liegen die Betriebskosten des Elektromotors bei 300 € pro Jahr.

Betrachtet man die Gesamtkosten über den Lebenszyklus, braucht es also 14 Jahre, bis beide Systeme gleichauf sind. Danach spart man jedes Jahr ca. 1.500 € mit dem Elektroantrieb. Und wer weiß, ob und wo man in 14 Jahren mit dem Diesel noch fahren darf.

Beispiel Außenbordmotor

Beim Außenborder ergibt sich ein ähnliches Bild: Der von mir gewählte 4-kW-Elektromotor für meine Hurley 700 kostet ca. 3.000 €. Ein 10-PS-Benzinaußenborder mit Elektrostarter, Ladespule, Kraftstofftank, Fernschaltung und Starterbatterie kostet ca. 3.500 €. Für meinen Elektromotor benötige ich noch eine 5-kWh-Batterie für 2.500 € sowie ein Ladegerät und einen Ferngashebel, die zusammen auch noch einmal 800 € kosten. Die Grundinvestition für den Benzinmotor liegt demnach bei 3.500 € und für die Elektro-Variante bei 6.300 €.

Für die Inspektion und Abgaswartung des Benzinmotors muss ich jährlich 150 € zurücklegen. Der Verbrauch ist mit durchschnittlich 1,6 l/h angegeben, also ca. 2,80 € pro Stunde. Wenn ich von 50 Betriebsstunden pro Jahr ausgehe, entstehen also Kosten von 290 €. Für den E-Außenborder veranschlage ich nur 20 € pro Jahr für die Wartung und die 50 Betriebsstunden wer-

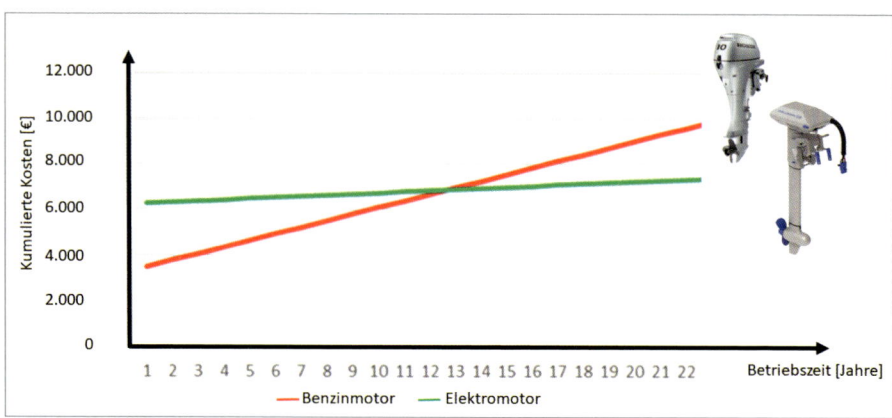

Abbildung 8-7: Entwicklung der kumulierten Kosten über die Betriebszeit eines Außenborders. [Jens Feddern]

den 30 € Stromkosten verursachen. In Summe bin ich elektrisch demnach bei 50 € Betriebskosten pro Jahr.

Nach gut 12 Jahren holt der E-Antrieb den Benzin-Außenborder auf der Kostenseite ein. Der Spaß des emissionsfreien Fahrens und des hohen Drehmoments ist natürlich von der ersten Minute an gegeben.

> Bei der Beurteilung der **Wirtschaftlichkeit** eines elektrischen Antriebssystems sollte der gesamte Lebenszyklus betrachtet werden. Die Initialinvestition ist aufgrund der hohen Batteriekosten deutlich höher. Durch die geringeren Betriebskosten fährt man auf lange Sicht elektrisch aber günstiger.

8.4 Für was soll ich mich entscheiden?

Wie kann man aus dem Wust an Informationen nun die richtige Entscheidung treffen, welcher Antrieb an Bord

anheuern darf? Der Entscheidungsprozess ist sehr komplex, aber vielleicht können die folgenden Fragestellungen etwas Klarheit bringen:

1. *Bestehen in meinem Zielrevier heute oder in Zukunft Einschränkungen oder sogar Verbote für Fahrzeuge mit Verbrennungsmotor?*
   Wird diese Frage mit »Ja« beantwortet, ist die Entscheidung einfach: entweder rüste ich elektrisch auf bzw. um oder ich muss in Zukunft draußen bleiben.

2. *Möchte ich in Zukunft auf dem Wasser Emissionen (Lärm, Abgase, Verschmutzung) vermeiden?*
   Wer diese Frage mit »Nein« beantwortet, bleibt bei seinem Verbrennungsmotor. Antwortet man mit »Ja«, kommt die eigentliche Gretchenfrage:

3. *Kann und will ich die Mehrkosten der Investition in einen Elektroantrieb tragen?*

Auch wenn auf lange Sicht der Elektroantrieb sogar wirtschaftlicher sein kann, benötigt man am Anfang das notwendige Kleingeld, um seinen Traum vom emissionsfreien Reisen zu verwirklichen. Kann oder möchte man dieses (noch) nicht, bleibt man beim Verbrenner. Möchte ich die Investition tätigen, steht die nächste Frage an:

4. *Ist die gewünschte Reichweite planbar?* Das bedeutet, dass man die Motor-Betriebszeiten abschätzen kann, die dafür benötigte Energie realistisch gespeichert werden kann und ein Netzwerk an Lademöglichkeiten besteht. Ist dieses nicht möglich, da man z. B. mit einem Verdränger den Rhein hochschippern möchte, bietet sich zumindest ein Hybridantrieb oder ein Parallelbetrieb mit einem Generator an. Somit kann man auf eingeschränkten Revieren rein elektrisch reisen und hat genügend Reserven, um längere oder Energie-intensive Strecken zu überbrücken.

Konnten alle Fragen mit »Ja« beantwortet werden, steht dem Einsatz eines Elektromotors an Bord nichts mehr im Weg. Es muss nur noch geklärt werden, welcher Typ für die individuelle Anwendung am besten passt (Welle, Pod-Antrieb, Saildrive oder Außenborder).

9 Was muss ich beim Einbau beachten?

Die Antriebsanlage trägt wesentlich zur Sicherheit auf dem Wasser bei. Ein Boot, das zum ungünstigen Zeitpunkt manövrierunfähig ist, kann katastrophale Folgen verursachen.

Besonders Elektroantriebe erzeugen ein erhebliches Drehmoment. Diese Kräfte müssen vom Fundament und allen Komponenten aufgenommen werden können. Ein ernstzunehmender Elektroantrieb benötigt viel Strom, und die notwendigen Spannungen können für die Crew an Bord lebensgefährlich werden. Daher muss die elektrische Installation besonders sorgfältig ausgeführt werden. Die gesamte Anlage muss korrekt dimensioniert werden und entsprechend der gültigen Richtlinien der Technik installiert sein. Ist dies nicht der Fall, besteht nicht nur die Gefahr, dass das Boot untergeht oder in Flammen aufgeht, sondern die Versicherung auch noch ihre Leistung verweigert.

Sollte man nicht über das handwerkliche Geschick, das Wissen und die Erfahrung verfügen, ist das der richtige Zeitpunkt, sich an jemanden zu wenden, der sich mit der Materie auskennt.

Trotzdem werde ich im folgenden Abschnitt einige Hinweise zum Einbau geben, damit Sie sich ggf. mit Ihrer Werft auf Augenhöhe unterhalten können.

9.1 Vorschriften und ihre Anwendung

Eine Norm dokumentiert den »anerkannten Stand der Technik«. Die Anwendung ist keine Garantie, dass alles korrekt funktioniert, die Missachtung erhöht jedoch die Wahrscheinlichkeit, dass es nicht funktioniert und dass die Versicherung im Ernstfall ihre Unterstützung verweigert.

Für elektrische Antriebssysteme auf Booten bis 24 m Länge ist die **EN ISO 16315:2016** die maßgebliche Norm. Diese befasst sich mit rein elektrischen und Hybrid-Antriebssystemen, die mit Gleichspannung von bis zu 1.500 V sowie Wechsel- oder Drehstrom bis zu 1.000 V betrieben werden. Besonders wird auf die elektrische Sicherheit eingegangen, wie die Systeme zu erden sind, welche Schutzeinrichtungen erforderlich sind und was bei der Installation zu beachten ist.

Für die elektronische Steuerung und Schaltung der Antriebe gibt die **DIN EN ISO 25197.** Diese umfasst die Steuerung, Getriebeschaltung und Drehzahlregelung sowie dynamische Positionskontrollsysteme.

Der internationale Standard **IEC-60092 Teil 507** beschreibt elektrische Installationen auf Schiffen bis zu einer Länge von 50 m und ist daher besonders für größere Yachten von Bedeutung.

Ergänzend dazu gilt die **EN ISO 13297:2021** »Kleine Wasserfahrzeuge – Elektrische Systeme – Wechselstrom- und Gleichstromanlagen«, auf die ich in meinem Fachbuch »Theorie und Praxis der Bordelektrik« detailliert eingehe.

Es gibt diverse **Normen**, die bei der Installation eines elektrischen Antriebssystems beachtet werden müssen. Diese tragen nicht nur zur Sicherheit bei, sondern sind eine zwingende Voraussetzung für den vollen Versicherungsschutz.

9.2 Elektrische Installation wie bei den Profis

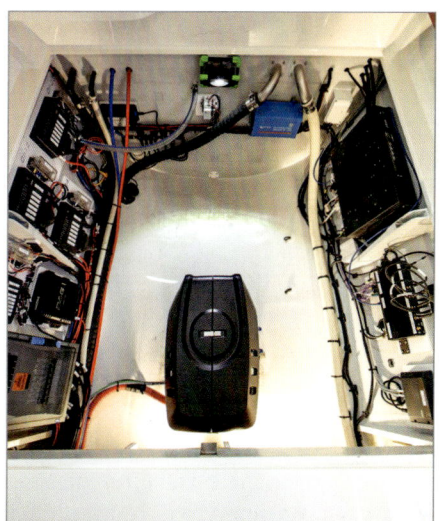

Abbildung 9-1: Es überrascht nicht, dass bei einem elektrischen Antrieb einige Kabel verlegt werden müssen. [Flo Hagena, Torqeedo]

9.2.1 Kabel und Leitungen

Bei korrekter Installation arbeiten elektrische Antriebssysteme sehr zuverlässig und benötigen kaum Pflege. Dies setzt voraus, dass das passende Material richtig verwendet wird. Es leuchtet ein, dass z. B. nur nicht-rostende Schrauben an Bord zum Einsatz kommen dürfen und diese mit dem richtigen Drehmoment angezogen werden.

Da sich das Boot ständig bewegt, müssen die verwendeten Kabel und Leitungen flexibel und besonders korrosionsbeständig sein. Dies betrifft sowohl das Material der Isolierung als auch die Temperaturbeständigkeit sowie das Leitermaterial.

Die Kabel müssen vor äußeren Einflüssen geschützt installiert werden, damit die Isolierung nicht mit der Zeit durchgescheuert oder aus Versehen eine Strippe ausgerissen wird. Hierfür werden Installationsrohre, Kabelkanäle und Befestigungsschellen verwendet. Ein Anbinden an Rohrleitungen oder Schläuche sollte vermieden werden. Beim Anschluss an die unterschiedlichen Geräte muss eine Zugentlastung vorgesehen werden, die auch den erforderlichen Schutz vor eindringendem Wasser oder Gegenständen in das Gerät sicherstellt.

Abbildung 9-2: Beim Elektroantrieb können die Komponenten getrennt voneinander installiert werden, sodass der verfügbare Raum optimal genutzt wird. [Torqeedo]

Leiterquer-schnitt	Einleiterkabel		Zweileiterkabel		Drei- und Vierleiterkabel	
[mm²]	Höchst-zulässige Belastung [A]	Nennstrom-sicherung [A]	Höchst-zulässige Belastung [A]	Nennstrom-sicherung [A]	Höchst-zulässige Belastung [A]	Nennstrom-sicherung [A]
0,75	6	6	5	6	4	4
1,0	8	6	7	6	6	6
1,5	12	10	10	10	8	6
2,5	17	16	14	16	12	10
4,0	22	20	19	20	15	16
6,0	29	25	25	25	20	20
10,0	40	36	34	36	28	25
16,0	54	50	46	36	38	36
25,0	71	63	60	50	50	50
35,0	87	80	-	-	61	63
50,0	105	100	-	-	73	63
70,0	135	125	-	-	94	80

Abbildung 9-3: Zulässiger Dauerstrom und Nennstromsicherung. [Germanischer Lloyd]

Die Kabel und Leiter des Antriebssystems müssen räumlich getrennt von anderen Systemen installiert werden, dürfen also nicht in einem gemeinsamen Kabelkanal mit der restlichen Bordinstallation geführt werden.

Das elektrische Antriebssystem sollte soweit möglich getrennt von der üblichen Bordinstallation ausgeführt und die Gleich- und Wechselspannungssysteme innerhalb der Anlage getrennt voneinander montiert werden.

Alle elektrischen Anschlüsse müssen isoliert werden, sodass man weder durch versehentliche Berührung an stromführende Teile der Anlage kommt noch durch herunterfallende Werkzeuge einen Kurzschluss verursachen kann.

Die Kabel und Leitungen müssen entsprechend der zu übertragenden Stromstärke und der Kabellänge korrekt dimensioniert werden. Hierbei geht es darum, die Kabel vor über-mäßiger Erwärmung zu schützen und die Verluste so gering wie möglich zu halten.

9.2.2 Schutzerdung

Um die Crew vor einem elektrischen Schlag zu schützen, müssen alle leitfähigen Teile, die keinen Strom führen, elektrisch geerdet werden. Dies wird durch ein grün-gelbes Kabel durchgeführt, dass z. B. mit dem Motorgehäuse und einem gemeinsamen Erdungspunkt an Bord verbunden wird.

Grundsätzlich werden in einem Gleichstromsystem der Minuspol und in einem Wechsel- bzw. Drehstromsystem der Neutralleiter oder der Sternpunkt mit diesem Erdungspunkt leitend verbunden. Es können auch isolierte System aufgebaut werden, die dann spezielle Isolations- und Erdschlussüberwachungssysteme erfordern.

Sollte durch einen Fehler ein stromführender Leiter z. B. durch Beschädigung der Isolierung mit dem Motorgehäuse verbunden sein, liegt ohne Schutzerdung die gesamte Spannung auf dem Gehäuse. Das Crewmitglied, dass zu diesem Zeitpunkt das Gehäuse anfasst, würde einen kräftigen Schlag bekommen. Durch den Schutzleiter ist aber der Stromkreis kurzgeschlossen, sodass eine vorgelagerte Sicherung auslösen kann und der Stromkreis unterbrochen wird.

Beim Laden der Batterien durch den Landanschluss muss der Schutzleiter der Landinstallation auch an Bord verbunden werden, was auf Dauer zu galvanischer Korrosion führt, die den Rumpf und den Antrieb schädigt. Diese kann durch den Einsatz von Trenntransformatoren oder galvanischen Isolatoren verhindert werden.

Abbildung 9-4: Viele Brände an Bord werden durch fehlerhafte Absicherung der elektrischen Installation verursacht, unabhängig ob Verbrennungs- oder Elektroantrieb. [Bogdan Vacarciuc/Shutterstock.com]

9.2.3 Fehlstromschutzschalter (RCCB)
Ab einer Betriebsspannung von 50 V müssen alle Wechsel- und Drehstromsysteme mit einem Fehlstromschutzschalter ausgerüstet sein, der ab einem Fehlstrom von 30 mA die Verbindung zu allen stromführenden Leitern trennt. Dies betrifft sowohl den Antriebsmotor, als auch den Landanschluss oder einen Generator an Bord, die zum Laden der Batterien verwendet werden.
Die korrekte Funktion dieses Schutzschalters muss alle sechs Monate überprüft werden.

9.2.4 Sicherungen und Leitungsschutzschalter
Sicherungen und Leitungsschutzschalter haben die Aufgabe, einen Stromkreis vor Überlastung und Kurzschluss zu schützen. Eine Sicherung kann dies nur einmal in ihrem Leben durchführen, da sie durch das Auslösen beschädigt wird und ausgetauscht werden muss. Ein Leitungsschutzschalter kann nach Beheben der Störungsursache wieder eingeschaltet werden.

Die Sicherung und der Schutzschalter haben die wesentliche Aufgabe, das Kabel oder den Leiter zu schützen, damit dieser sich nicht übermäßig erwärmt und so einen Brand verursacht (was die häufigste Ursache für Feuer an Bord ist!). Kabel und Sicherung müssen also immer zusammenpassen. Ist die Sicherung zu groß und das Kabel zu dünn, wird nicht genügend Strom fließen, um die Sicherung auszulösen, sondern vorher schon das Kabel brennen.
Die Sicherung verhindert nicht, dass es an den Geräten zu Beschädigungen kommt.

Jede Leitung, die von der Batterie abgeht, muss korrekt abgesichert werden. Dies betrifft auch die dicke Zuleitung für den Antriebsmotor. Die Batterie liefert so viel Strom, dass im Kurzschlussfall auch ganz dicke Leitungen in kürzester Zeit in Rauch aufgehen. Ist das Gleichstromsystem geerdet, reichen einpolige Schutzschalter. Bei ungeerdeten Systemen muss der Schutzschalter sowohl den Plus- als auch den Minuspol abschalten.

Jedes Auslösen einer Sicherung hat eine Ursache. Es ist nicht damit getan, die Sicherung auszuwechseln oder den Schutzschalter wieder einzuschalten, sondern es muss vorher die Ursache gefunden werden. Liegt z. B. eine Überlastung durch einen Tampen im Propeller vor oder hat sich ein Kabel losgerüttelt und einen Kurzschluss verursacht?

9.2.5 Montage und Anschluss der Batterien
Die Batterien müssen so montiert werden, dass sie auch bei Bewegung oder Lage des Bootes fixiert sind, z. B. mit Spanngurten. Aufgrund ihres hohen Gewichts sollten sie nicht unkontrolliert durch die Bilge rutschen.

Die Batterie muss in unmittelbarer Nähe mit einem elektrischen oder mechanischen Batteriehauptschalter aus-

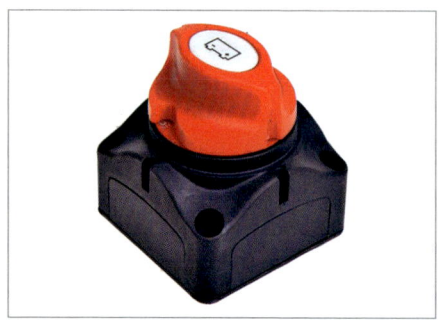

Abbildung 9-6: Der Hauptschalter muss in unmittelbarer Nähe zur Batterie montiert werden. [Conrad]

gerüstet werden, mit dem die Verbindung zur Batterie getrennt werden kann. Dieser Schalter sollte manuell bedient werden können und für die Batteriespannung ausgelegt sein. Nur wenige Schalter aus dem Bootszubehör sind allerdings für 48 V geeignet.

Der Anschluss der Kabel erfolgt über professionell gequetschte Kabelschuhe und mit Schraubverbindungen mit korrektem Drehmoment. So werden Übergangswiderstände vermieden, die durch den hohen Strom zu Verlusten und Funkenbildung führen. Die Batterieanschlüsse müssen gegen Berühren

Abbildung 9-5: Die Batterien müssen festgelascht werden, damit sie nicht unkontrolliert durch die Bilge rutschen. [Christian Brecheis]

Abbildung 9-7: Korrekter Batterieanschluss mit Kabelschuh und Isolierung. [Jens Feddern]

geschützt werden. Dieses erfolgt z. B. durch passende Isolierhauben.

> Die Sicherheit im Betrieb hängt wesentlich von der Qualität der **Installation** ab. Kabel und Schutzeinrichtungen müssen passend dimensioniert, das Schutzleitersystem korrekt angeschlossen und alle Komponenten für den Einsatz an Bord gesichert werden.

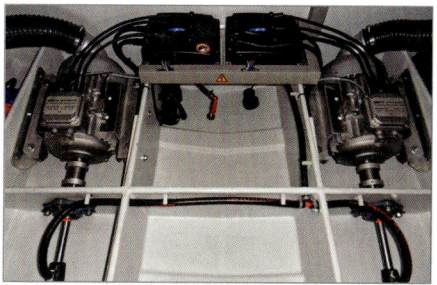

Abbildung 9-8: Zwei luftgekühlte 28-kW-Antriebsmotoren. Die warme Luft wird über die schwarzen Schläuche gezielt nach außen geführt. [Aquawatt]

9.3 Kühlung von Elektroantrieben

Alle Komponenten der elektrischen Antriebsanlage wie Batterien, Inverter, Ladegerät und Motor haben eine Verlustleistung. Diese dient nicht dem Vortrieb, sondern entwickelt im Wesentlichen Wärme, die abgeführt werden will. Anhand der Datenblätter der Geräte kann man den zulässigen Arbeitstemperaturbereich entnehmen sowie deren Wirkungsgrad. Hat ein 10-kW-Elektromotor z. B. einen Wirkungsgrad von 90 %, kann man davon ausgehen, dass 1 kW Wärmeleistung abgeführt werden muss.

Die Wärmespeicherfähigkeit von Wasser ist ca. zehnmal höher als von Luft. Daher sind Verbrennungsmotoren an Bord in den meisten Fällen mit Wasserkühlung ausgerüstet, da die abzuführende Wärmemenge relativ hoch ist. Bei elektrischen Antriebssystemen kann häufig mit luftgekühlten Komponenten gearbeitet werden, wobei ab ca. 10 kW Leistung auch Wasserkühlung zum Einsatz kommt.

Kommt beim elektrischen Antriebssystem eine Wasserkühlung zum Einsatz, ist dieses System deutlich kleiner als bei einem Verbrennungsmotor. Das Wasser dient zuerst nur als Transportmedium, um die Wärme vom Motor und von den Geräten abzuführen. Diese Wärme muss es anschließend loswerden. Wie bereits bei Verbrennungsmotoren üblich, sollte man auch bei Elektroantrieben vermeiden, das kühlere Außenbordwasser einfach durch die Schläuche zu pumpen. Dabei besteht nämlich die Gefahr, dass man sich Verunreinigungen ins System holt, und ein Befüllen mit Frostschutzmittel ist nicht möglich.

Entweder verwendet man eine Zweikreiskühlung, in der über einen Wärmetauscher der geschlossene Kühlwasserkreislauf mit Außenbordwasser gekühlt wird, oder man verwendet einen geschlossenen Kühlkreislauf mit einer sogenannten Kielkühlung. Bei diesem System wird ein Wärmetauscher (ähnlich einem kleinen, glatten Heizkörper) außen am Rumpf befestigt, sodass er seine Wärme an das umströmende Wasser abgeben kann. Durch diesen wird das mit Frostschutz versehene Wasser mithilfe einer kleinen elektri-

Abbildung 9-9: Eine wassergekühlte Antriebseinheit, die mit zwei kleinen Schläuchen angeschlossen wird. Die grüne Färbung ist das enthaltene Frostschutzmittel. [Vetus]

schen Pumpe durchgepumpt, und fertig ist das perfekte Kühlsystem. Einmal gefüllt und entlüftet ist es für lange

Zeit wartungsfrei. Es muss nichts eingewintert werden, und man kann auch keinen Schaden durch ein vergessenes Seeventil verursachen. Nur die Pumpe muss alle paar Jahre ausgetauscht werden.

9.4 Bedien- und Anzeigeeinrichtungen

Neben dem Geschwindigkeitsregler sind weitere Anzeigen für den Betrieb elektrischer Antriebssysteme vorgeschrieben. Eine besondere Rolle spielt dabei der Notstop-Taster. Hierbei handelt es sich um einen roten Knopf, der im Fehlerfall gedrückt werden kann und somit das gesamte Antriebssystem unverzüglich abschaltet. Nach dem Auslösen wird dieser verriegelt, sodass er vor der Weiterfahrt erst entriegelt werden muss.

Um den Skipper über den Zustand seines Systems auf dem Laufenden zu

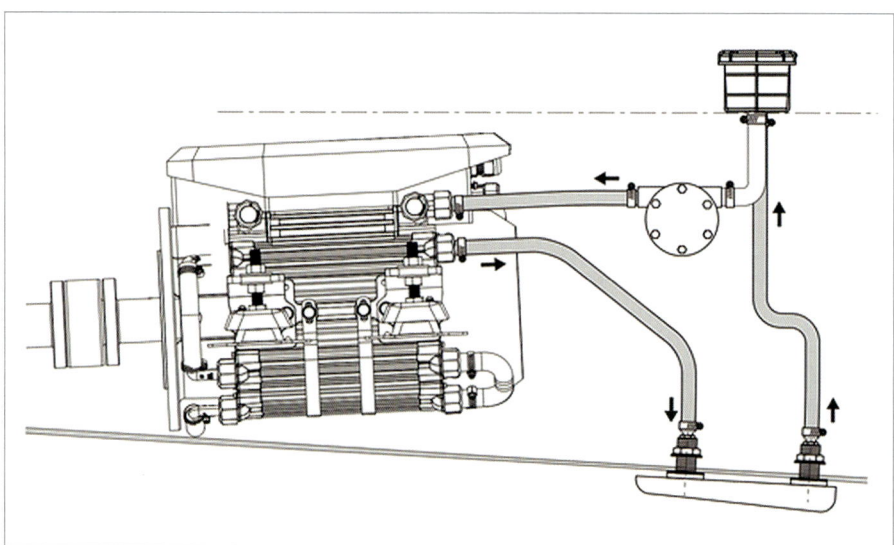

Abbildung 9-10: Einfache Kielkühlung, um die Wärme der Antriebseinheit abzuführen. [Vetus]

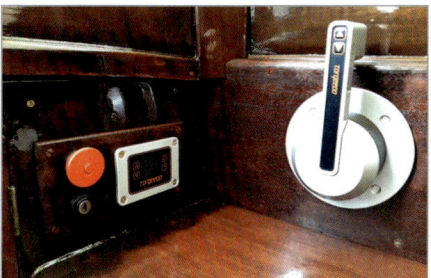

Abbildung 9-11: Geschwindigkeitsregler, Notstop-Taster sowie Betriebs- und Warnanzeige sind zwingender Bestandteil für den Betrieb eines elektrischen Antriebssystems an Bord. [Torqeedo]

9.5 Eignerhandbuch und Anweisung für den Schiffsführer

Neben der korrekten Installation aller Komponenten benötigt der Schiffsführer eine entsprechende Dokumentation. Die EN ISO 16315 wünscht sich ein Eignerhandbuch, dass Sie von Ihrem Installateur einfordern sollten.

Dieses Dokument umfasst mindestens folgende Informationen:

• Blockschaltbild der gesamten Anlage
• Schaltbilder der eingebauten Komponenten
• Funktionsbeschreibung des Systems

Zusätzlich wird folgende Anweisung für den Schiffsführer gefordert, die auch jedes Crewmitglied an Bord kennen sollte:

Niemals
a) darf an einer Elektroinstallation gearbeitet werden, während die Anlage mit Strom versorgt wird;
b) dürfen das Antriebssystem, der Batterietyp oder die Anlagenkomponenten geändert werden;
c) darf die Einstellung oder die Bemessungsstromstärke von Überstrom-Schutzeinrichtungen verändert werden;
d) dürfen elektrische Geräte oder Baugruppen mit Bauelementen, die die Bemessungsstromstärke des Stromkreises überschreiten, eingebaut oder vorhandene Geräte gegen solche ausgetauscht werden.

halten, werden mindestens folgende Informationen angezeigt:

• Systemstatus (aktiv, verfügbar, Systemfehler)
• Antriebssystem aktiv: voraus, zurück, Generatormodus
• Propellerdrehzahl
• Kapazitätsanzeige
• Leistungsanzeige

Treten Fehler im System auf, soll der Skipper alarmiert werden über:

• Übertemperatur Antriebsmotor
• Übertemperatur Batterie oder Batterieraum
• niedrigen Ladezustand
• geringen Isolationswiderstand oder Erdschlussfehler (wenn anwendbar)
• Ausfall der Kühlung

Die *Bedieneinrichtung* eines elektrischen Antriebsystems besteht mindestens aus einem Geschwindigkeitsregler, einem Notstop-Taster sowie einer Betriebs- und Warnanzeige, die den Skipper mit wesentlichen Informationen versorgt.

10 Was muss ich bei Wartung und Unterhalt berücksichtigen?

Der wesentliche Vorteil elektrischer Antriebssysteme ist, dass sie deutlich weniger Wartung erfordern. Sie benötigen keine periodische Abgaswartung, und es gibt keine Filter, die sich mit der Zeit zusetzen können. Der Einsatz im Süß- und Salzwasser kann aber zu Situationen führen, auf die der Skipper ein Auge werfen sollte. Diese werden im folgenden Abschnitt beleuchtet.

10.1 Korrosion

Abbildung 10-1: Elektrochemische Korrosion wie z. B. Rost wird durch die Materialwahl beeinflusst. [Watchara Samsuvan/Shutterstock.com]

Metall und Wasser mögen sich nicht wirklich und Strom und Salzwasser noch viel weniger. Wir kennen alle die Schäden, die z. B. durch Rost entstehen können. Daher ist der Korrosionsschutz auf dem Wasser ein zentrales Thema. Um die Funktion und eine lange Lebensdauer zu gewährleisten, müssen besonders in Salzwasserumgebung hohe Anforderungen an Materialauswahl und Konstruktion erfüllt werden. Dies gilt im besonderen Maße für Elektromotoren, da die Kombination von Strom und Salzwasser bei Fehlfunktion oder falscher Handhabung deutlichen Schaden verursachen kann.

Es gibt drei verschiedene Arten von Korrosion, die sowohl im Salz- als auch im Süßwasser auftreten:

10.1.1 Elektrochemische Korrosion

Unter elektrochemischer Korrosion versteht man z. B. das Rosten eines Nagels, der im Wasser oder an Deck liegt. Das Material zersetzt sich im Kontakt mit Wasser. Diese Korrosion wird von der Materialwahl beeinflusst und kann durch die Verwendung der richtigen Werkstoffe praktisch vollständig verhindert werden. Deshalb sollten z. B. unterhalb der Wasserlinie ausschließlich A4-Edelstähle, seewasserfestes Aluminium sowie hochwertige und schlagzähe Kunststoffe wie PBT (Polybutylenterephthalat) zum Einsatz kommen. Da diese Werkstoffe ihren Preis haben, vertrauen einige Hersteller auf einen aufgetragenen Korrosionsschutz wie z. B. eine seewasserfeste Lackierung, um darunter günstigere Werkstoffe zu verwenden. Dies funktioniert, so lange die Beschichtung nicht beschädigt wird.

Bei der Auswahl des Wunschantriebs sollte man gründlich die verwendeten Werkstoffe prüfen, insbesondere beim Einsatz im Salzwasser. Viele Hersteller geben an, für welches Einsatzgebiet ihre Antriebe geeignet sind.

Zur periodischen Wartung gehört die genaue Prüfung der Beschichtung, die bei Bedarf ausgebessert werden muss.

10.1.2 Galvanische Korrosion

Sind zwei unterschiedliche Metalle leitend miteinander verbunden und befindet sich diese in einer leitenden Flüssigkeit (Elektrolyt), entsteht ein galvanisches Element. Jede Batterie basiert auf diesem Prinzip. Sind die genannten Bedingungen erfüllt, fließt ein Gleichstrom, und das unedlere Metall löst sich auf.

Der Elektrolyt ist an Bord gegeben, besonders Salzwasser ist für diese Aufgabe sehr gut geeignet. Daher sollte es, wenn immer möglich, vermieden werden, zwei elektrochemisch unterschiedliche Metalle im Unterwasserbereich einzusetzen. Anderenfalls sollten diese vollständig voneinander isoliert

sein. Zwischen z. B. einem Gehäuse aus Aluminium und einem Aluminiumschaftrohr kann prinzipiell keine galvanische Korrosion auftreten. Ist das Gehäuse aus Aluminium und die Antriebswelle aus Edelstahl, muss die Welle gegenüber dem Gehäuse isoliert montiert werden, was große Sorgfalt in der Konstruktion erfordert. Daher haben clevere Techniker nach einer einfacheren Lösung gesucht und ein Bauernopfer gefunden. Sie bringen ein drittes, noch unedleres Metall ins Spiel, dass sich dann für die beiden anderen Metalle opfert. Dieses besteht z. B. aus Zink oder Magnesium und wird am Motor befestigt.

Da sich solche Opferanoden mit der Zeit auflösen, müssen sie nach einiger Zeit ersetzt werden. Sie sollten mindestens am Ende der Saison geprüft werden, und im Ersatzteillager an Bord

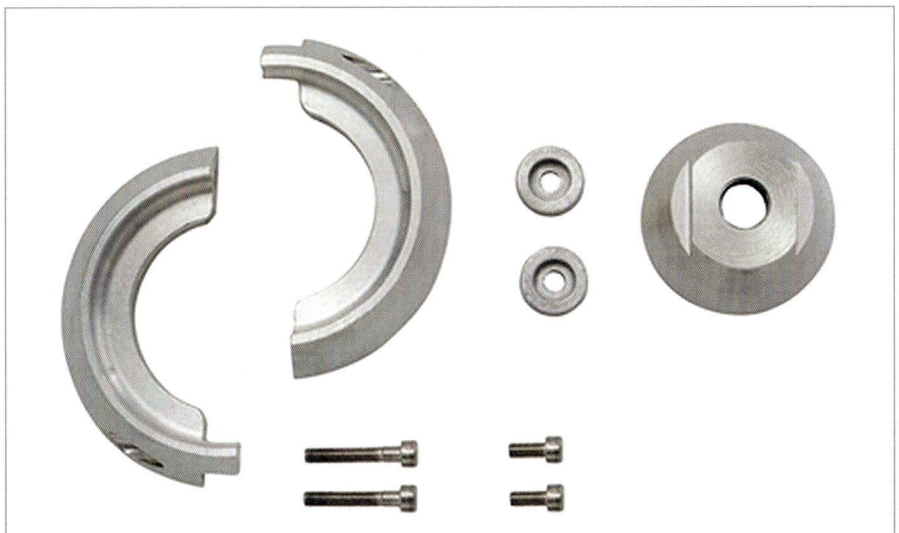

Abbildung 10-2: Opferanoden aus Zink oder Magnesium werden zur Verhinderung galvanischer Korrosion installiert und müssen periodisch erneuert werden. [Torqeedo]

sollten sich passende Ersatzanoden befinden. Der Austausch ist meistens ohne Spezialwerkzeug möglich.

Galvanische Korrosion wird ebenfalls durch die Verbindung mit dem elektrischen Landanschluss verursacht, der zum Laden der Batterien erforderlich ist. An Land ist der Schutzleiter mit der Erde verbunden und diese z. B. mit der rostigen Spundwand. An Bord wurden alle metallisch leitenden Teile mit dem Schutzleiter verbunden, sodass ein galvanisches Element z. B. zwischen dem Antrieb oder dem Rumpf und der rostigen Spundwand entsteht. Das elektrisch unedlere Material löst sich auf. Die Definition, was elektrisch edel oder unedel ist, geht leider nicht nach Schönheit. Aluminium ist elektrisch gesehen unedler als die rostige Spundwand, sodass der Antrieb oder der Rumpf angefressen werden. Daher sollte der Landanschluss an Bord über längere Zeit nur eingesteckt sein, wenn entweder ein Trenntransformator oder ein galvanischer Isolator installiert sind. Ein Abtrennen des Schutzleiters ist keine Option!

10.1.3 Elektrolytische Korrosion

Die elektrolytische Korrosion wird durch Fehler in der elektrischen Installation verursacht und hat ein enormes Zerstörungspotential. Ganze Antriebe und Aluminiumrümpfe können in wenigen Tagen aufgelöst werden und einen Totalschaden des gesamten Bootes verursachen.

Im Gegensatz zum Auto, bei dem für die »normale Bordelektrik« die Karosserie als Minus-Leiter verwendet wird, ist dies an Bord ein absolutes Tabu.

Der Rumpf und die metallisch leitenden Gegenstände müssen zwar über den Schutzleiter geerdet werden, aber über dieses Kabel fließt im Normalfall kein Strom.

Bei Verbrennungsmotoren ist es üblich, dass der Anlasser und die Lichtmaschine den Minus-Pol auf dem Gehäuse haben und der Motorblock als Leiter verwendet wird. Jeder Verbraucher erhält seine separate Plus- und Minusleitung, auch der elektrische Antrieb!

Ein gängiger Fehler ist das unzulässige Abzweigen von in Reihe geschalteten Batterien. Werden z. B. vier 12-V-Batterien für einen 48-V-Antrieb in Reihe geschaltet, könnte man auf die Idee kommen, die für das Radio benötigten 12 V einfach an einer Batterie abzuzwacken. Das Radio hat ab Werk »Minus auf Masse«, sodass sein Gehäuse mit dem Minuspol verbunden ist. Durch diese Verbindung ist z. B. auch der Aluminiumrumpf mit dem Minuspol des Radios verbunden. Hat man bei seinem Stromdiebstahl aber nicht die erste, sondern die letzte Batterie gewählt, liegt zwischen Rumpf und Motormasse plötzlich eine Spannung von 36 V, die die zerstörerische Wirkung der elektrolytischen Korrosion auslöst.

Sollen andere Geräte mit unterschiedlicher Betriebsspannung aus den Antriebsbatterien versorgt werden, ist unbedingt ein Spannungswandler vorzusehen. Ein Abzweigen von in Reihe geschalteten Batterien geht gar nicht!

Die elektrische Installation und insbesondere das Schutzleitersystem müssen von einem erfahrenen Elektriker periodisch geprüft werden.

> Ein elektrisches Antriebssystem ist besonders anfällig für unterschiedliche Arten der **Korrosion**:
> - *Elektrochemische Korrosion* wird durch die passende Materialwahl vermieden.
> - *Galvanische Korrosion* wird durch Materialwahl, Isolation und Opferanoden reduziert.
> - *Elektrolytische Korrosion* entsteht durch fehlerhafte Installation, die enorme Schäden verursachen kann.

Abbildung 10-3: Ein Elektroantrieb erfordert wenig Wartung und kann im Fehlerfall leicht repariert werden. [BERMIX STUDIO/Shutterstock.com]

10.2 Motor

Bei den üblichen Betriebsstunden eines Elektroantriebs an Bord kann man davon ausgehen, dass der Motor praktisch keine Wartung erfordert. Nach mehreren tausend Stunden müssen die Lager eventuell gewechselt werden. Luftgekühlte Motoren sollten inklusive der Luftkanäle oder -schläuche regelmäßig abgesaugt und gereinigt werden.

Werden fremderregte Synchronmotoren verwendet, wird die Erregerspannung über Kohlebürsten übertragen. Diese müssen evtl. nach mehreren hundert Betriebsstunden von einem Fachmann ersetzt werden.

Kommt ein Gleichstrommotor zum Einsatz, wird die gesamte Antriebsleistung über Kohlebürsten übertragen. Diese haben deutlich mehr Verschleiß und sollten mindestens einmal pro Saison überprüft werden. Die Kosten für den Austausch werden im Wesentli-

chen durch die Arbeitszeit verursacht. Passende Ersatzkohlen sind nicht sehr teuer und sollten sich daher immer an Bord befinden.

Mit besonderer Vorsicht muss bei Systemen mit Synchronmotoren, die durch Permanentmagneten erregt werden, gearbeitet werden. Besteht die Möglichkeit, dass sich der Propeller beim Segeln oder durch Strömung mitdreht, erzeugt der Motor Strom, der an seinen Klemmen anliegt. Auch wenn alle Komponenten abgeschaltet wurden, kann sich so eine gefährliche Spannung im System befinden!

> Ein **Elektromotor** ist für den Dauerbetrieb ausgelegt und benötigt wenig Wartung. Befinden sich im Motor Kohlebürsten, müssen diese periodisch gewechselt werden. Dies betrifft besonders Gleichstrommotoren, die daher nicht wartungsfrei sind.

10.3 Antrieb

Der Antrieb ist die einzige Komponente, die je nach Ausführung eine periodische Wartung erfordert. Der Aufwand unterscheidet sich je nach eingesetzter Antriebsart.

Entsprechend der Betriebsanleitung findet man die Schmierpunkte, die gelegentlich einen Stoß von einer Fettpresse benötigen.

Ist der Antrieb mit Opferanoden ausgerüstet, müssen diese regelmäßig kontrolliert und bei Bedarf ausgetauscht werden. Damit sie ihre Funktion erfüllen können, dürfen sie nicht mit Farbe oder anderen Beschichtungen übermalt werden.

Der Propeller sollte periodisch begutachtet und bei Beschädigungen ausgetauscht werden. Ist für die Abdichtung der Propellerwelle ein Simmering installiert, sollte dieser gründlich auf Beschädigungen geprüft werden.

Bei einem Wellenantrieb muss die Welle gefettet oder die Wasserschmierung geprüft werden. Ggf. muss die Packung der Stoffbuchse nachgezogen oder im Winterlager auch mal ersetzt werden.

Ist der Antrieb mit einem Getriebe ausgerüstet (z. B. Saildrive oder auch teilweise Außenborder), ist ein gelegentlicher Getriebeölwechsel erforderlich. Die Häufigkeit ist meistens geringer als der Motorölwechsel eines Verbrennungsmotors.

Pod-Antriebe sind bezüglich Wartung meistens anspruchslos.

Abbildung 10-4: Steckverbindungen freuen sich über einen regelmäßigen Spritzer Kontaktspray. [Conrad]

> Die Wartung des ***Antriebs*** beschränkt sich auf einen periodischen Wechsel des Getriebeöls (wenn vorhanden), die Kontrolle der Abdichtung der Propellerwelle sowie die Kontrolle und den Ersatz der Opferanoden.

10.4 Batterien und Elektronik

Den wesentlichen Verschleiß der Batterien, die Lade- und Entladezyklen, kann man ihr von außen nicht ansehen. Hier muss der eingebaute Bordcomputer zurate gezogen werden, der diesen Wert zählt. Es bietet sich an, diese Zyklenzahl regelmäßig z. B. im Logbuch zu notieren, falls der Bordcomputer seinen Messwert mal verlieren sollte.

Die Batterien und die Elektronik wie Inverter und Ladegerät müssen ihre Wärme abgeben können. Daher sollten sie regelmäßig abgesaugt und gereinigt werden. Ein Abblasen mit Pressluft ist keine gute Idee, da man damit den

Staub erst richtig in die kleinsten Ecken der Geräte verteilt.

Alle Kabelanschlüsse müssen periodisch auf festen Sitz und Korrosion geprüft werden. Steckverbindungen freuen sich riesig, wenn sie einmal pro Saison etwas Kontaktspray bekommen. Für Kabel und Leitungen reicht eine regelmäßige Sichtprüfung, um festzustellen, ob die Isolierung irgendwo gescheuert oder sich eine Befestigung gelöst hat.

Ist das System mit Fehlstromschutzschaltern ausgerüstet, sollten diese einmal pro Saison getestet werden. Hierfür haben sie einen kleinen Testschalter.

Je nach Land und Region (z. B. Schweiz) kann eine periodische Überprüfung der Elektrik durch einen Sachverständigen erforderlich sein.

Ladegerät und Inverter sollten regelmäßig abgesaugt werden, damit die integrierten Kühlkörper ihre Wärme abgeben können.
Die Lebensdauer der *Batterie* wird anhand der Ladezyklen bestimmt, die im Systemmonitor ausgelesen werden kann.
Elektrische Anschlüsse und ihre Isolierungen werden auf festen Sitz sowie Beschädigungen geprüft und Steckverbindungen mit Kontaktspray gepflegt.

11 Wie sieht die Umsetzung in der Praxis aus?

Das Ziel von Verbrennungs- und Elektromotor ist identisch, der Weg dorthin jedoch deutlich unterschiedlich. Die erforderlichen, technischen Komponenten sind grundverschieden, sodass nicht nur die Antriebseinheit, sondern diverse Einrichtungen betrachtet werden müssen.

Im Neubau haben namhafte Hersteller bereits die praktischen Vorteile der elektrischen Antriebstechnik erkannt und wenden diese – zumindest als Option – konsequent an. Doch auch die Umrüstung und die Ergänzung bestehender Antriebssysteme ist ein sehr spannendes Feld mit viel Gestaltungsspielraum.

11.1 Umrüstung von Verbrenner- auf Elektroantrieb

Jeder Verbrennungsmotor ist von einer natürlichen Alterung betroffen. Nicht

Abbildung 11-1: Muss der alte Verbrenner ausgetauscht werden, sollten alternative Antriebstechniken in Betracht gezogen werden. [Paul Rushton/Shutterstock.com]

nur der Betrieb verursacht Verschleiß, sondern viele Motoren stehen sich im wahrsten Sinne des Wortes auch kaputt, da sie zu wenig verwendet werden.

Die folgenden Beispiele zeigen unterschiedliche Erfolgsgeschichten im Wechsel der Antriebstechnologie auf.

11.1.1 Klassiker mit modernem Elektroantrieb

Der 70 Jahre junge Schärenkreuzer »Triton« war ursprünglich mit einem luftgekühlten Benzinmotor ausgerüstet, der entsprechend Krach machte und durch seine zweifelhafte Zuverlässigkeit dem Skipper bei Hafenmanövern die Schweißperlen unter die Mütze trieb.

Nachdem der Verbrenner durch Frost einen Totalschaden erlitt, stellte sich die Frage, wie das zukünftige Antriebskonzept aussehen sollte.

Auf das alte Fundament wurde ein 3-kW-Asynchronmotor der Firma Kräuter an die bestehende Welle angeflanscht. Der Propeller wurde entsprechend der neuen Antriebseinheit ausgelegt. Der Inverter wird aus drei 86-Ah-Gel-Batterien mit einer Spannung von 36 V gespeist. Somit beträgt die nutzbare Kapazität gut 2 kWh. Für kleine 12-V-Verbraucher wurde ein Umwandler von 36 V auf 12 V installiert. Da sich im Vorschiff ursprünglich Blei als Ballast befand, wurden die Gel-Batterien stattdessen dort platziert, weil deren Gewicht sogar willkommen war.

Sowohl Motor als auch Inverter sind luftgekühlt, sodass keine weiteren

Abbildung 11-2: Der Skipper und der Autor auf einem 70-jährigen Schärenkreuzer mit elektrischem Hilfsantrieb. [Werner Scheidegger]

Maßnahmen zur Kühlung erforderlich waren.

Die mechanischen Arbeiten wurden von der Werft sehr solide ausgeführt, wobei ihre Stärken nicht in der elektrischen Kompetenz liegen. So haben die installierten Versorgungsleitungen von der Batterie mit 25 mm^2 einen zu großen Spannungsabfall und damit Leistungseinbußen verursacht. Immerhin fließen bei Nennleistung ca. 100 A. Nachdem ich diese durch 50 mm^2-Leitungen ersetzt habe, konnte der Motor nun seine wirkliche Nennleistung erreichen.

Das Ladegerät wurde im offenen Cockpit installiert. Zwar wurde ein kleines Schutzblech als Wetterschutz vorgesehen, doch dieses verhindert nicht, dass regelmäßig Feuchtigkeit in das Gerät und die Steckverbindungen eindringt. Die Beachtung der erforderlichen Schutzart und die Auswahl eines passenden Montageorts sind für den zuverlässigen Betrieb sehr wichtig.

Im praktischen Betrieb hat sich das System für das Revier Bodensee gut bewährt. Die breiteste Stelle zwischen Friedrichshafen und Romanshorn (ca. 7 sm) kann rein elektrisch überbrückt werden, und zum Manövrieren bei Hafenmanövern reichen Leistung und Kapazität aus. Bei einer Reisegeschwindigkeit von knapp 4 kn beträgt die Stromaufnahme gerade mal 25 A. Darüber hinaus steigt diese recht schnell auf die maximalen 100 A.

Nach zehn Jahren Einsatz mussten die Batterien gewechselt werden, was ihrer natürlichen Lebensdauer entspricht.

Würden in diesem Fall die Gel-Batterien durch Lithium-Ionen-Batterien ersetzt werden, kann bei gleichen geometrischen Abmessungen eine Kapazität

Abbildung 11-3: Luftgekühlter 3-kW-Drehstrommotor, der an die bestehende Wellenanlage angeflanscht wurde. [Jens Feddern]

Dieser wurde durch einen elektrischen Kompaktantrieb ELINE 100 von *Vetus* mit einer Nennleistung von 10 kW ersetzt. Dieser Antrieb besteht aus einem Asynchronmotor mit angeflanschtem Inverter, sodass nur die Versorgungsleitungen von der Batterie und der Steueranschluss angeschlossen werden müssen.

Beide Einheiten sind wassergekühlt, wobei hierfür nur zwei Schläuche für den Vor- und Rücklauf angeschlossen werden müssen. Da die Verlustleistung, die als Wärme abgeführt werden muss, deutlich kleiner als bei einem Verbrenner ist, reicht ein kleiner Kielkühler aus, der an der Bordwand befestigt wird. Angetrieben durch eine elektrische Umwälzpumpe entsteht so ein geschlossener, mit Glykol-Wasser gefüllter Kühlkreislauf, der praktisch wartungsfrei ist.

von 3,6 kWh (80 % mehr!) installiert werden. Die Zyklenfestigkeit liegt gemäß Herstellerangaben beim Fünf- bis Zehnfachen. Demgegenüber stehen die Mehrkosten für einen Batteriesatz von ca. 1.100 €. Zusätzlich müsste die Installation an Bord noch angepasst werden, da jede Lithium-Ionen-Batterie einen separaten Hauptschalter benötigt. Und die Lithium-Ionen-Variante wiegt ca. 50 kg weniger, was in diesem Fall ggf. ein Problem mit dem gewünschten Ballast verursachen könnte.

11.1.2 Ersatz eines 25-PS-Dieselmotors auf einem Motorboot

In einem Motorboot war ein M3.09 Dieselmotor mit einer Nennleistung von ca. 25 PS installiert.

Der Motor dreht mit max. 1.500 U/min und wurde ohne Getriebe direkt an die Welle angeflanscht. Das maximale Drehmoment, das bereits ab sehr geringer Drehzahl verfügbar ist, beträgt

Abbildung 11-4: Der 10-kW-Elektromotor ersetzt einen 18-kW-Dieselantrieb. [Vetus]

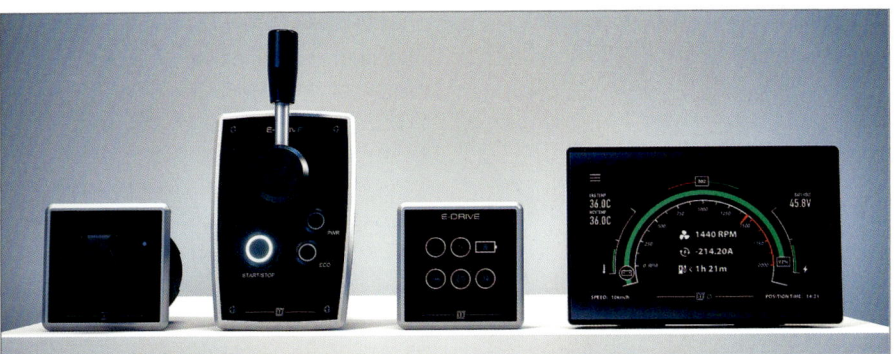

Abbildung 11-5 Bedieneinrichtung und Überwachung der Antriebseinheit. [Vetus]

70 Nm und ist damit doppelt so groß wie bei dem Diesel-Vorgänger.

Zusätzlich verfügt der Motor über ein Schnellstoppsystem, mit dem unverzüglich die Drehrichtung geändert und somit das Boot innerhalb von einer Bootslänge aufgestoppt werden kann.

Die Bedieneinheit wird über eine Busleitung mit dem Antrieb verbunden. Zusätzlich können die Daten über ein NMEA-2000-Gateway für umfangreiche Visualisierung und Diagnose an ein Multifunktionsdisplay weitergeleitet werden.

11.1.3 Flotte Holzschiffe

Hunter's Yard vermietet eine Flotte traditioneller Holzsegelboote auf den Norfolk Broads im Osten Englands. Hier verwenden die Segler traditionsgemäß lange Stangen, die als »Quants« bezeichnet werden, um die schweren Holzboote bei ungünstigen Winden vorwärts zu schieben und als Hilfe beim Manövrieren durch enge Gewässer oder unter Brücken hindurch.

In den letzten Jahren beobachtete Hunter's Yard einen Rückgang des Ge-

schäftsvolumens, da ältere Kunden die körperliche Belastung durch das »Quanting« als zunehmend schwierig empfanden und jüngere Familien mit Kindern sich die Annehmlichkeiten eines Motorantriebs wünschten. Ihnen

Abbildung 11-6: Die historische Segelflotte wurde mit moderner Antriebstechnik nachgerüstet. [Anniv Day]

Abbildung 11-7: Moderne Bedieneinheit im traditionellen Cockpit. [Torqeedo]

wurde klar, dass sie Hilfsmotoren benötigten, aber dadurch durften weder die Segeleigenschaften der Boote beeinträchtigt werden noch ihr historischer Reiz verloren gehen.

Abbildung 11-8: Zwei Lithium-Ionen Batterien sowie das Schnellladegerät können gut an Bord untergebracht werden. [Torqeedo]

Da der Einbau eines Verbrenner-Motors diese Ziele torpedieren würde, wurden die Holzboote mit Elektroantrieben ausgerüstet. Die Montage der elektrischen Antriebssysteme für die 80 Jahre alten Holzsegelboote stellte eine besondere Herausforderung dar. Diese Boote wurden mit abgeflachtem Boden, einer sehr flachen Bilge, einem langen Kiel und einem großen ovalen, um 360 Grad schwenkbaren Ruder gebaut.

Zum Einsatz kam ein *Torqeedo* Cruise 2.0 Pod-Antrieb mit Klapppropeller, der direkt unter dem Rumpf befestigt werden konnte. Somit mussten nur Rumpfdurchbrüche für die Antriebsbefestigung und das Stromkabel vorgesehen werden. Die gesamte Antriebseinheit befindet sich unter dem Rumpf und wird vom vorbeiströmenden Wasser gekühlt, die Bilge blieb praktisch leer. Für die Versorgung kommen zwei Lithium-Ionen-24-3500-Batterien zum Einsatz, die zusammen mit dem Schnellladegerät an passender Stelle montiert werden konnten.

Im praktischen Betrieb hat sich gezeigt, dass der Elektroantrieb nicht für längere Fahrten eingesetzt wird, da die Boote zum Segeln vorgesehen sind. Normalerweise können die Boote während der Reinigungsarbeiten an den Umschlagtagen in etwa zwei Stunden vollständig aufgeladen werden.

11.2 Elektroantrieb ab Werk

Nachdem elektrische Bootsantriebe in der Vergangenheit eher ein Nischengeschäft für die Umrüstung waren, nehmen immer mehr große Werften den Trend der E-Mobilität auf dem Wasser auf, um ihren Kunden den Traum vom emissionsfreien Reisen mit Segel- oder Motorbooten zu ermöglichen.

11.2.1 BENETEAU GROUP steigt in die Entwicklung emissionsfreier Boote ein

Die BENETEAU GROUP als weltweit größte Sportbootwerft kündigte die Einführung von Elektro- und Hybridantriebssystemen für die Marken Beneteau, Delphia und Excess an. Ihr Geschäftsführer Martin Schemkes erklärt Delphias neue Identität und Positionierung: »Unsere Vision ist es, dass ein 100-prozentiger Elektroantrieb eine neue Phase in der Bootsfahrt einläutet, und unsere Mission besteht darin, die Führungsposition in der Elektrobootfahrt auf Binnengewässern zu schaffen.«

Die Blauwassersegelkonfiguration besteht aus zwei Deep Blue 50-kW-Elektrosegelantrieben in Zusammenarbeit mit *ZF* Sail Drives, zwei Deep Blue Lithium-Ionen-Batterien mit hoher Kapazität vom *BMW i3* und einem kompletten Energiemanagementsystem

Abbildung 11-9: *EXCESS 15* ist einer der ersten vollelektrischen Segelkatamarane. [Christophe Launay, EXCESS]

Abbildung 11-10: Bedienung der zwei 50-kW-Antriebsmotoren. [Nicolas Claris, Excess 15]

zur Gewinnung von grüner Energie und zum Aufladen der Bootsbatterien während der Fahrt. Hierfür verwendet der Antrieb die Rekuperation, um beim Segeln mit dem mitdrehenden Propeller die Batterien nachzuladen. In der Praxis hat sich herausgestellt, dass das Hydrogeneratorsystem bei einer Reisegeschwindigkeit von sieben bis acht Knoten genügend Strom liefert, um den Bordbetrieb vollständig abzudecken.

Ein neuer, interessanter Aspekt eines elektrisch angetriebenen Katamarans ist das sogenannte »Hybridsegeln«, bei dem Wind- und Elektroantrieb kombiniert werden. Hierbei schiebt der Elektromotor bei wenig Wind mit geringen Drehzahlen mit, sodass die Segel länger stehen gelassen werden können. In diesem Drehzahlbereich ist der Motor hocheffizient und verursacht praktisch keine wahrnehmbaren Geräusche. Somit werden weder die Segelperformance noch das Vergnügen einer leisen Reise beeinträchtigt.

11.2.2 X Shore – der Tesla auf dem Wasser

Die 8 m lange Eelex 8000 wurde in Schweden entwickelt und ist ein »Spielzeug« für wohlhabende Skipper. Der Preis startet bei ca. 280.000 €, aber dafür bietet das Boot reichlich Spaß: Die Beschleunigung beträgt von 0 auf 20 kn unglaubliche 4,2 Sekunden und die maximale Geschwindigkeit 35 kn.

Angetrieben wird das Speedboot per Welle von einem 225-kW-Elektromotor, der seine Energie aus zwei 60-kWh-Lithium-Ionen-Batterien bezieht.
Die Ladeeinrichtung muss hierfür schon etwas größer ausfallen. Bei einem Drei-Phasen-Anschluss werden fünf bis acht Stunden angegeben, und mit einem DC-Supercharger sollen die Batterien bereits in zwei Stunden vollgeladen werden.

Neben dem emissionsfreien Antrieb hat die Konstruktion des Bootes den gesamten Lebenszyklus im Auge – mit dem Ziel auch dort die Emissionen so weit wie möglich zu reduzieren: Die

Abbildung 11-11: Die Eelex 8000 wird auch »Tesla auf dem Wasser« genannt. [X Shore]

Abbildung 11-12: Der »kleine« Elektromotor leistet 225 kW und beschleunigt das Boot auf 35 kn. [X Shore]

Boote werden mit Kork statt Teakholz und recycelten Kunststoffen gebaut. Anstelle von Fiberglas und Kohlefasern kommen Flachsfasern zum Einsatz. Flachs ist nachhaltiger in der Produktion, bietet eine bessere Arbeitsumgebung in der Fabrik und ist am Ende der Lebensdauer leichter zu recyceln.

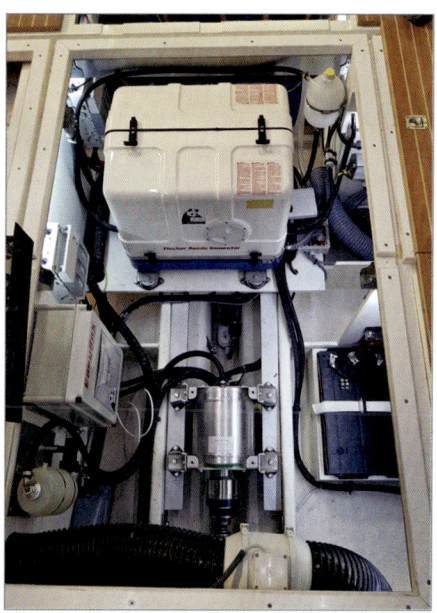

Abbildung 11-14: 10-kW-Elektromotor mit Wellenantrieb und gekapselter Dieselgenerator zur Stromerzeugung. [Fischer-Panda]

11.2.3 Elektro-Hausboot mit Generator

Auf vielen Wasserstraßen werden diverse Hausboote als Charterschiffe angeboten. Die Antriebsleistung muss in strömungsfreien Gewässern nicht sehr groß sein, sodass ein Elektro-Antrieb für ein ungestörtes Fahrvergnügen sorgen kann.

Abbildung 11-13: Ein E-Antrieb ist ideal, um mit dem Hausboot die Kanäle entlangzuschippern. [Fischer-Panda]

Die Firma *Fischer-Panda* kombiniert ihre Erfahrungen in gekapselten Dieselgeneratoren mit elektrischen Antriebssystemen. Die wassergekühlten Elektromotoren werden aus einer 48-V-Batterie versorgt. Reicht die Kapazität nicht aus oder wird mehr Energie benötigt, wird diese über das integrierte Stromaggregat erzeugt. Die Batterien dienen als Zwischenspeicher, sodass der Generator nur für relativ kurze Zeit mit maximalem Ladestrom arbeiten muss. Wesentliche Vorteile dieses Systems sind der geringe Platzbedarf, eine hohe Betriebseffizienz sowie geringe Betriebsgeräusche und Emissionen bei rein-elektrischem Betrieb. Zusätzlich verfügt der Skipper über das hohe Drehmoment des Elektroantriebs bei geringen Drehzahlen, was besonders beim Manövrieren vorteilhaft ist.

11.2.4 *J/9* Daysailer mit werkseitig installiertem Pod-Antrieb

Die *J/24* von *J/Boats* ist mit über 5.500 gebauten Booten das beliebteste Offshore-Kielboot der Welt. Der neue *J/9* Daysailer von der gleichen Werft verfügt über viele Funktionen, die neue Standards für komfortables, einfaches und effizientes Segeln setzen sollen. Eines davon ist ein elektrischer *Torqeedo*-Pod-Antrieb, den J/Boats als werkseitig installierte Option für den neuen 28-Füßer anbietet. Dieser umfasst einen *Torqeedo* Cruise 4.0 Pod-Antrieb mit einem zweiflügeligen Faltpropeller. Im Cockpit werden der Geschwindigkeitsregler sowie ein leicht ablesbares Display eingebaut, das den Batteriestatus und die voraussichtliche Reichweite bei der aktuellen Geschwindigkeit anzeigt. Zusätzlich gibt es eine Handy-App, die sich drahtlos verbindet, um alle Daten aus der Ferne anzuzeigen.

Als Energiespeicher dient eine Power-48-5000-Lithium-Ionen-Batterie. Diese wird mit einem 650-W-Ladegerät geladen, das direkt an den Landstrom angeschlossen werden kann. Bei ruhigen Bedingungen beträgt die Reichweite 20 sm bei 5 kn und etwa 12 sm bei 6 kn Fahrt. Das elektrische Antriebspaket ist preis-

Abbildung 11-15 Der Daysailer *J/9* wird ab Werk mit einem elektrischen Antrieb ausgerüstet. [J/Boats]

Abbildung 11-16: Zum Einsatz kommt ein 4-kW-Pod-Antrieb mit zweiflügeligem Faltpropeller. [J/Boats]

Abbildung 11-17: Der Motor befindet sich unter Wasser in der Antriebseinheit und wird nur mit einem Kabel verbunden. [J/Boats]

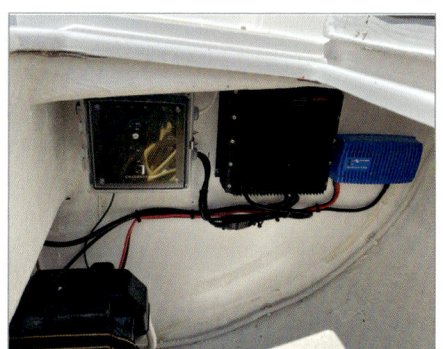

Abbildung 11-18: Das 650-W-Ladegerät ist fest an Bord verbaut und kann vom Landanschluss betrieben werden. [J/Boats]

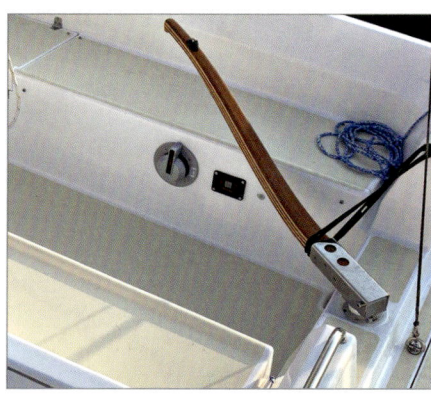

Abbildung 11-19: Die Bedienung erfolgt einfach aus dem Cockpit heraus, ohne dass ein Motor gestartet werden muss. [J/Boats]

lich etwas günstiger als die Innenbord-Diesel-Option der *J/9* und hat ein um etwa 30 Prozent geringeres Gewicht. Es ist einfacher zu installieren und zu warten, da es keinen Kraftstofftank, keine Kraftstoffleitungen und keine Abgasanlage gibt.

11.2.5 Greenline Yachts

Greenline Yachts ist ein slowenischer Spezialist, der bereits seit 2008 Motoryachten mit Hybrid- und Elektroantrieb erfolgreich konstruiert. Er bietet als weltweit einziger Hersteller seine komplette Flotte von 33- bis 68-Fuß-Schiffen mit wahlweise konventionellem, Hybrid- oder Elektroantrieb an. Der norwegische Charterbetreiber *Canal Boats* Telemark AS (https://www.canal-boats.no/eng/) hat sechs Greenlines – zwei 33er (10 Meter) und vier 39er (12 Meter) – im Angebot, die mit dem E-Drive-System ausgestattet sind. Die Charterstation liegt im Süden des Landes nahe der Stadt Porsgrunn und bietet ein traumhaftes Reiserevier an der Ostseeküste und dem Telemark-Kanal,

Abbildung 11-20: Greenline 33 mit einer elektrischen Reichweite von 50 sm und einer Spitzengeschwindigkeit von 11 kn. [Greenline Yachts]

an dessen Verlauf die Crew imposante Berge und Wälder zu sehen bekommt. Mit staatlicher Unterstützung arbeitet Canal Boats an einem Netz von Ladestationen, das sowohl die Küste als auch den Kanal in ein einmaliges Elektroparadies verwandeln soll.

Zehn Schnelllade-Stationen an der Küste rund um die Stadt Porsgrunn stehen bereits zur Verfügung. Bei einem Ladestand von 20 Prozent soll es an diesen Stationen maximal drei Stunden

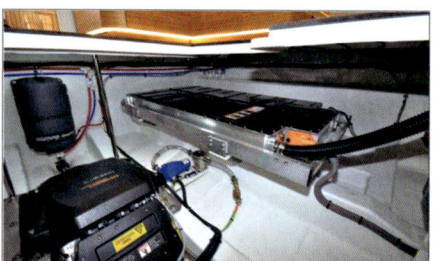

Abbildung 11-21: Die Greenline 33 ist mit einer Deep Blue Antriebseinheit und einer BMW-i3-Batterie von Torqeedo ausgerüstet, die übersichtlich im Motorraum untergebracht sind. [Greenline Yachts]

dauern, bis die Akkus wieder voll sind. Die Installation der Ladestationen wird von einer Tochtergesellschaft des norwegischen Ministeriums für Klima- und Umweltschutz finanziert. Da der Strommix in Norwegen zu mehr als 98 % aus regenerativen Quellen stammt, sind diese Reisen also wirklich emissionsfrei.

11.2.6 Silent-Yachts

Den Beweis, dass E-Mobilität auf dem Wasser nicht nur etwas für Binnenreviere, sondern vollumfänglich blauwassertauglich ist, hat die Firma *Silent-Yachts* angetreten, die sich auf High-End-Motorkatamarane spezialisiert hat, die ausschließlich elektrisch unterwegs sind.

Hinter dem innovativen Unternehmen stecken die Solarpioniere Heike und Michael Köhler aus Österreich. In einem Selbstversuch haben sie mehr als 6.000 Tage an Bord ihrer Yachten verbracht und segelten da-

Abbildung 11-22: Blauwasseryacht für nachhaltigen Genuss sowie die Möglichkeit einer unbegrenzten Reichweite ohne Emissionen. [Silent-Yachts]

bei 75.000 sm um die ganze Welt. Basierend auf diesen Erfahrungen entwickelten Sie einen besseren Weg für die Energieversorgung und den Antrieb von Yachten.

Anstatt bestehende Katamarane mit Solarpaneelen und Elektromotoren umzurüsten, werden *Silent-Yachts* als rein solarbetriebene Katamarane konzipiert, entwickelt und gebaut.

Um die notwendigen Energiemengen per Solarzellen einzufangen, müssen die Schiffe eine gewisse Größe haben. Daher starten die *Silent-Yachts* erst bei 60 Fuß (18 m) mit einer Breite von 9 m. Die Decksflächen werden großflächig mit Solarpanelen bestückt, sodass bei diesem Modell eine Leistung von 17 kWp geerntet werden kann.

Die größeren Geschwister sind *Silent 80* und *Silent 120*, wobei Letztere bei einer Breite von knapp 14 m rund 34 m lang ist und eine Solarproduktion von 40 kWp aufweist.

Um die Solarausbeute zu maximieren, wird jede mögliche Abschattung vermieden. Daher verfügen die Schiffe über kein »normales« Segel, sondern als Option über ein automatisches Kite System von *Wingit*. Der 13 m² große Tubekite steigt in eine Höhe von ca. 50 m auf, wo er bis zu zehn Mal mehr Leistung pro m² Segelfläche erzeugen kann als ein herkömmliches Segel.

Diese reicht aus, um das 30 t schwere Schiff mit einer Geschwindigkeit von bis

Abbildung 11-23: Eine Motoryacht unter Segel: Der Drache bringt immerhin bis zu 5 kn Fahrt für ein 30-t-Schiff. [Silent-Yachts]

zu 5 kn zu ziehen, wodurch der Stromverbrauch deutlich reduziert wird.

Als Antrieb stehen jeweils Doppelmotorenanlagen (natürlich mit Elektromotoren) in unterschiedlichen Leistungsklassen zur Verfügung: von 2 x 50 kW (Reisegeschwindigkeit 7 kn, Maximalgeschwindigkeit 11 kn) bis hin zu 2 x 340 kW (Reisegeschwindigkeit auch 7 kn, aber Maximalgeschwindigkeit 20 kn).

Als Energiespeicher werden Lithium-Ionen-Batterien mit einer Kapazität zwischen 143 kWh und 286 kWh angeboten, die neben den Antrieben auch die gesamte Bordtechnik mit Strom versorgen. Sollte es auf der Atlantik-Überquerung doch einmal zu bewölkt sein, steht ein Dieselgenerator mit einer Leistung zwischen 100 kW und 145 kW zur Verfügung.

Abbildung 11-24: Die Motorenanlage ist sehr übersichtlich. Die blauen Schläuche sind der innere Kreislauf der Zweikreiskühlung. Links neben dem Motor befindet sich der Inverter, der seine Energie über die drei roten Phasen an den Motor abgibt. [Silent-Yachts]

Abbildung 11-25: Alles im Griff: Auch auf der Fly-Bridge wird der Energiehaushalt angezeigt. [Silent-Yachts]

Der Vorgänger der *Silent 60* war die erste solarbetriebene Yacht, die den Atlantik überquert hatte. Trotz seiner Größe kann das Schiff von zwei Personen gehandhabt werden und bietet ausreichend Platz für die gesamte Crew und ihre Spielzeuge wie SUPs, Kajaks und E-Bikes.

In der Zukunft werden die Synergien zwischen der E-Mobilität auf der Straße und der an Bord noch größer, denn *Silent-Yachts* wird den modularen E-Antriebs-Baukasten MEB des VW-Konzerns für ihre Schiffe verwenden. Dieser umfasst u. a. die Batterie, den Motor und die Regelelektronik. Der MEB ist in unterschiedlichen Motorisierungen zwischen 2 x 50 kW, 2 x 150 kW und 2 x 300 kW verfügbar und passt somit ideal zu den Ausrüstungswünschen der *Silent-Yachts*. Wie ernsthaft diese Kooperation und wie attraktiv die E-Mobilität auf dem Wasser ist, wird dadurch deutlich, dass der ehemalige Chefstratege von VW, Michael Jost, in den Experten-Beirat von *Silent-Yachts* eingestiegen ist.

11.2.7 Elan-Yachts mit einer elektrischen Flotte

Elan ist eine renommierte Werft aus Slowenien, die seit 1949 erfolgreich Boote baut. Ihr Angebot umfasst eine Reihe von robusten Langstrecken- und Rennjachten, die sowohl professionelle als auch Amateurcrews schätzen sowie Familien, die Urlaub auf dem Wasser genießen möchten.

Trotz ihres Alters setzt die Werft kontinuierlich auf Innovationen. So war Elan einer der ersten Hersteller, der die VAIL (Vacuum Assisted Infusion Lamination)-Rumpfkonstruktionstechnologie einsetzte, um das Gewicht zu reduzieren, ohne die Festigkeit und Steifigkeit des Schiffs zu beeinflussen. Drei Mal konnten sie bereits die begehrte Auszeichnung »European Yacht of the Year« gewinnen (2006, 2007, 2011).

Nach diversen Pilotinstallationen bietet Elan nun ihre gesamte Modelpalette als Option werksseitig mit Elektroantrieb an. Gemäß Aussage der Werft geht es beim Segeln nie um die Motorisierung oder die Motordrehzahl, sondern um die Verbindung zur Natur, die Ruhe auf dem Meer und die Herausforderungen beim Segeln. Warum also nicht den »schmutzigen und lauten« Dieselmotor gegen einen »sauberen und leisen« Elektroantrieb austauschen?

Abbildung 11-26: *Elan* ist eine der ersten Yachtwerften, die die gesamte Flotte ab Werk mit Elektroantrieb anbietet. [elan yachts]

Abbildung 11-27: Serienmäßig können die Yachten mit Elektro-Saildrive geliefert werden. [elan yachts]

Da der Teufel bekanntlich im Detail steckt, hat sich Elan mit einem E-Mobilitäts-Experten aus Finnland zusammengetan – der Firma *Oceanvolt*, die die elektrischen Antriebseinheiten für die gesamte Modelpalette liefert. Die Elektromotoren von *Oceanvolt* bestehen aus einem Baukastensystem, das zur Leistungssteigerung gestapelt werden kann. Damit werden Saildrives zwischen 6 kW und 15 kW und Wellenantriebe bis zu 30 kW angetrieben. Je nach installierter Batteriekapazität soll die Reichweite bei einer Reisegeschwin-

Abbildung 11-28: Die 2 x 10-kW-Doppelmotorenanlage von *Oceanvolt* verschwindet in der Bilge. [elan yachts]

Abbildung 11-29: Ladegeräte, Inverter und Verteilung für die Doppelmotorenanlage in dem Raum, wo sich sonst der Diesel befindet. [elan yachts]

digkeit von 5 kn zwischen 25 und 70 sm liegen. Im Segelbetrieb kann die Rekuperation zum Laden der Batterien genutzt werden. Aus Sicherheitsgründen wird zusätzlich noch ein DC-Diesel-Generator installiert.

Dieser Technologiewandel macht sich natürlich auch in der Grundinvestition bemerkbar, sodass mit 20-30 % Mehrkosten im Vergleich zu einer Segelyacht mit Dieselantrieb gerechnet werden sollte.

Abbildung 11-30: Die 30-kWh-Lithium-Ionen-Batterien werden aus einzelnen Modulen zusammengesteckt und an einer für den Trimm optimalen Stelle eingebaut. [elan yachts]

BILDVERZEICHNIS

BILDVERZEICHNIS

BILDVERZEICHNIS

BILDVERZEICHNIS

BILDVERZEICHNIS

Literatur

1   Truls Tveitdal, »Market barriers towards electrical boats«

2   Motoryachtverband, Deutscher (kein Datum), »Zahlen, Daten, Fakten zum Motorbootsport in Deutschland«

3   COMMISSIONED BY THE EURO-PEAN CONFEDERATION OF NAU-TICAL INDUSTRIES – ECNI, Juni 2009, »NAUTICAL ACTIVITIES: WHAT IMPACT ON THE ENVIRON-MENT?«

4   Reuters, Toby Sterling, 03.03.2020, »Amsterdam's boats go electric ahead of 2025 diesel ban«

5   IDTechEx, Electric Boats and Ships 2017-2027

6   Jan Maas, Segelreporter.com, 14.02.2020, »Nachhaltigkeit: Wie grün ist Segeln wirklich?«

7   Boatcycle Project, Management, recycling and recovery of wastes of recreational boat scrapping

8   Energie Journal, Energie Schweiz, Oktober 2021

9   ECNI, Juni 2009, »NAUTICAL ACTIVITIES: WHAT IMPACT ON THE ENVIRONMENT?«

10 Wikipedia, »Emissionen durch die Schifffahrt«

11 Energie.ch, Rolf Gloor, »Bootsantriebe«, Februar 2021

12 SNAEDIS auf Reisen, Rumpfgeschwindigkeit, Februar 2015

13 https://de.wikipedia.org/wiki/Verdr%C3%A4nger_und_Gleiter#Halbgleiter

14 G. Girishkumar, B. McCloskey, A. C. Luntz, S. Swanson, W. Wilcke: »Lithium-Air Battery: Promise and Challenges« The Journal of Physical Chemistry Letters. Band 1, Nr. 14, 15. Juli 2010, S. 2193-2203

15 Richtlinie 2014/94/EU vom 20. Oktober 2014 über den Aufbau der Infrastruktur für alternative Kraftstoffe

16 https://de.wikipedia.org/wiki/IEC_62196

17 Jens Feddern, »Theorie und Praxis der Bordelektrik«, Delius Klasing Verlag, 8. Auflage 2021

Stichwortverzeichnis

Von Jens Feddern bereits im Delius Klasing Verlag erschienen:
Theorie und Praxis der Bordelektrik

Bibliografische Information der Deutschen Nationalbibliothek
Die Deutsche Nationalbibliothek verzeichnet diese Publikation in
der Deutschen Nationalbibliografie; detaillierte bibliografische
Daten sind im Internet über http://dnb.dnb.de abrufbar.

1. Auflage
ISBN 978-3-667-12366-4
© Delius Klasing & Co. KG, Bielefeld

Lektorat: Felix Wagner
Coverfotos: Silent-Yachts (o.), Torqeedo (u.l.+r.), bht2000/
  Shutterstock.com (u.M.)
Titelrückseite: Torqeedo (l.), Silent-Yachts (M.), aquawatt (r.)
Illustrationen: Jens Feddern
Umschlaggestaltung: Felix Kempf, www.fx68.de
Lithografie: Mohn Media, Gütersloh
Druck: Print Consult GmbH, München
Printed in Slovakia 2022

Delius Klasing Verlag, Siekerwall 21, D - 33602 Bielefeld
Tel.: 0521/559-0, Fax: 0521/559-115
E-Mail: info@delius-klasing.de
www.delius-klasing.de

Klimaneutral
Druckprodukt
ClimatePartner.com/12515-2206-1002

FSC
www.fsc.org

MIX
Papier | Fördert
gute Waldnutzung
FSC® C084279

PRAXISTIPPS

Ralf Neumann
Bootskauf
ISBN 978-3-667-10910-1

Jens Feddern
Theorie und Praxis der Bordelektrik
ISBN 978-3-667-12384-8

Erich Sondheim
Knoten – Spleissen – Takeln
ISBN 978-3-667-12013-7

Paul Glatzel
Handbuch für Motorbootfahrer
ISBN 978-3-667-11388-7

 DELIUS KLASING   www.delius-klasing.d